> いまさら聞けない

Pythonでデータ分析
多変量解析，ベイズ統計分析
（PyStan, PyMC）

OKAMOTO YASUHARU
岡本安晴

丸善出版

はじめに

　本書は，データ分析を Python で行うときの基礎的事項の解説を試みるものである．Python は，プログラミング言語としてはやさしい使い方もできるが，いろいろなライブラリ・パッケージが用意されているので，様々な分野で用いられている汎用性の高い言語でもある．

　読者として，初めて Python でデータ分析を行ってみようと思う人を想定している．Python は全く初めてという人も本書で Python が使えるように工夫したが，言語の文法の詳しい解説は他書に譲った．データ分析に関わる基礎的事項はできるだけ扱うようにして，本書を辞書的に参照して長く利用されるようにした．

　まず，データおよびその分析結果の視覚化として Python のライブラリ matplotlib を用いたグラフ描画について説明するが，これは本書全体にわたる分析の視覚化において用いられる．データ分析法としては，基本となる標準的な多変量解析と現在注目を集めている確率モデルによるベイズ分析を取り上げる．多変量解析においては行列演算を用いるのが現在の標準的方法であるが，ライブラリ numpy を用いた行列演算について説明する．ベイズ分析については，Stan の Python 用である PyStan，および Python 専用の PyMC を取り上げる．いずれも，基礎的使い方の説明を心がけた．

　各章の内容は以下のとおりである．

第 1 章　基本統計量の計算

　　平均，分散など基本統計量を取り上げて，Python のコード例を示した．Python プログラミングの雰囲気を示すとともに，numpy などのライブラリの利用例も示した．

第 2 章　グラフ描画——データの可視化——

　　情報は視覚化されるとわかりやすい．データおよびその分析結果の視覚化はグラフという形で表示される．Python でのグラフ描画のライブラリとして matplotlib を取り上げる．棒グラフ，ヒストグラム，折れ線グラフを例に挙げて，その使いやすさを示す．

第 3 章　ファイル入出力

簡単なデータは，Python スクリプト中に書き込むことができるが，実用的にはファイルから，あるいは適当なストリームからの入力になる．本章において，ファイル入出力の方法として，テキストファイル，CSV（Comma-Separated Values）形式ファイル，バイナリファイルを取り上げる．

第 4 章　行列演算と Python スクリプト

多変量解析の基礎である行列演算を取り上げる．Python における行列演算のライブラリとして numpy を取り上げ，行列演算が簡単に行えることを説明する．

第 5 章　単回帰分析

変数間の関係を 1 次式で表すのは，統計分析の 1 つの出発点である．その最も簡単なモデルが 2 変数の関係を 1 次式で表す単回帰モデルである．この単回帰モデルを行列演算で表し，その解が行列で簡単に表せることを説明するとともに，numpy の ndarray を用いたスクリプト例を示す．

第 6 章　重回帰分析

重回帰分析では，複数の独立変数の影響が 1 次式で表される．行列を用いると，形式的には単回帰モデルと同様に扱える．しかし，複数の独立変数を用いることにより，単回帰モデルでは表されない関係を扱うことができるが，これは演習課題とした．

第 7 章　主成分分析

多くの変数から構成されるデータは，その主な情報がいくつかの成分で表されることが多い．この成分を変数の 1 次式で求める方法として主成分分析があるが，本書ではこれを正射影の観点から説明した．主成分分析も行列を用いると簡単に表すことができる．

第 8 章　数量化

調査あるいは質問紙データは，カテゴリ変数がよく用いられる．カテゴリ変数を数量化すると，他の数量変数とともに標準的な多変量解析を適用することができる．数量化の計算は，行列を使えば簡単である．数量化のための Python スクリプト例を示す．

第 9 章　確率計算と Python スクリプト

ベイズ分析は，確率モデルの強力な方法として注目を集めている．確率計算の Python スクリプト例とともに，ベイズ分析の基本モデルの簡明さを示す．

第 10 章　PyStan による 2 項分布分析——Stan 入門——

ベイズ分析は，事後分布をシミュレーションで求める方法が開発されて実用性と有効性が飛躍的に高まった．Stan は，シミュレーションで求めるライブラリの1つであり，Python 用の Stan が PyStan である．基礎的な使い方は簡単であり，簡単な確率モデルである2項分布を使って説明する．

第11章　PyStan による単回帰モデル分析

　統計分析の基本モデルとして単回帰モデルを取り上げ，PyStan によるベイズ分析について説明する．

第12章　PyStan によるポアッソン回帰モデル分析

　回帰モデルの一般化の1つとして，ポアッソン回帰モデルを取り上げる．また，分散分析のように要因がカテゴリ変数のときは，ダミー変数を用いると回帰モデルが設定できる．クロス表の分析を，ポアッソン回帰モデルにおいてダミー変数を設定して行う．

第13章　PyMC による2項分布分析 —— PyMC 入門 ——

　PyMC によっても，ベイズ分析における事後分布をシミュレーションで求めることができる．基本的方法は簡単であり，簡単な確率分布として2項分布モデルを取り上げて説明する．

第14章　PyMC による単回帰モデル分析

　統計分析の基本モデルの1つとしての単回帰モデルを取り上げ，PyMC による分析について説明する．

第15章　PyMC によるポアッソン回帰モデル分析

　回帰モデルの一般化の1つとして，ポアッソン回帰モデルを取り上げる．また，分散分析のように要因がカテゴリ変数のときは，ダミー変数を用いると回帰モデルが設定できる．クロス表の分析を，ポアッソン回帰モデルにおいてダミー変数を設定して行う．

　本書の企画段階から1次原稿まで，いろいろな方々から御意見，御提案，励ましをいただいた．ここにすべての方のお名前を挙げることはできないが，謝意を表する次第である．特に大阪大学の足立浩平教授および狩野裕教授の研究室の方々からコメントやアドバイスなどをいただいたことは記しておきたい．また，加藤直哉氏と加藤仁美氏には，初校前の原稿について励みとなるコメントをいただいたことを記しておきたい．もちろん，本書に残る誤りなどの問題点は，最終的に著者の責任であることは言うまでもない．

丸善出版株式会社企画・編集部第三部長の小西孝幸氏には，筆者の最初の企画提案の段階から有益な助言をいただいた．本書の現在の内容は，氏の援助に基づくところが大きい．著者は当初，データ分析・統計分析の分野に進もうという学生でプログラミングが初めてという人を対象としたPythonの入門書を考えていた．小西氏からPython関連書籍の情報などが提供され，著者の研究および授業におけるプログラミングの経験をよりよく反映した本書を上梓することができた．ここに記して謝意としたい．

2018年　夏

自宅にて
岡 本 安 晴

目　　次

第1部　Pythonデータ分析入門 1

序　章　Pythonの準備と使い方 2
　序.1　準備（インストール） 2
　序.2　使い方 4

第1章　基本統計量の計算 8

第2章　グラフ描画——データの可視化—— 14
　2.1　棒グラフ 14
　2.2　ヒストグラム 16
　2.3　散布図 18
　2.4　折れ線グラフ 23
　2.5　ラインスタイルの設定 25
　コラム 2.C.1　疑似相関 26
　演習課題 27

第3章　ファイル入出力 28
　3.1　テキストファイル入出力 28
　3.2　CSV 形式 34
　3.3　バイナリファイル入出力 36

第2部　多変量解析 37

第4章　行列演算とPythonスクリプト 38
　4.1　行列の表現 38
　コラム 4.C.1　リストの初期化 43
　4.2　四則演算 44
　4.3　トレース・階数・ノルム 52
　4.4　固有値と固有ベクトル 61
　4.5　特異値と特異ベクトル 67
　4.6　行列式 72

第5章　単回帰分析 …… 75
- 5.1　モデル …… 75
- 5.2　Python スクリプト …… 79
- 演習課題 …… 88

第6章　重回帰分析 …… 90
- 6.1　モデル …… 90
- コラム 6.C.1　ダミー変数のコーディング …… 92
- 6.2　Python スクリプト …… 94
- 6.3　標準化回帰係数 …… 105
- 演習課題 …… 114
- コラム 6.C.2　ダミー変数の独立性 …… 114

第7章　主成分分析 …… 115
- 7.1　モデル …… 115
- 7.2　Python スクリプト …… 118

第8章　数量化 …… 130
- 8.1　モデル …… 130
- 8.2　Python スクリプト …… 133

第3部　ベイズ分析 …… 147

第9章　確率計算と Python スクリプト …… 148
- 9.1　離散確率分布 …… 148
- 9.2　連続確率分布 …… 153
- 9.3　乱数・確率分布・シミュレーション …… 159
- 9.4　ベイズ分析 …… 169
- コラム 9.C.1　事後分布の記述 …… 176

第10章　PyStan による2項分布分析—— Stan 入門—— …… 178

第11章　PyStan による単回帰モデル分析 …… 189
- 演習課題 …… 200

第12章　PyStan によるポアッソン回帰モデル分析 …… 202
- コラム 12.C.1　一般化線形モデルとリンク関数 …… 208

第13章　PyMC による2項分布分析—— PyMC 入門—— …… 211

第14章　PyMC による単回帰モデル分析 …… 217

演習問題 ………………………………………………………… 227
　第 15 章　PyMC によるポアッソン回帰モデル分析 ……………… 228

参考文献 …………………………………………………………………… 237
索　引 ……………………………………………………………………… 240

第1部　Pythonデータ分析入門

　まず，Pythonの準備と使い方，および注意点について簡単に説明する．続いて，データの基本統計量の計算，データの可視化であるグラフ描画のPythonスクリプトの説明を行う．また，データはファイルから読み込み，データの処理結果もファイルへ書き出すことが多いため，これらファイル入出力についても説明する．

序章　Pythonの準備と使い方

　WindowsとUbuntuの場合について説明するが，他のOSの場合にも参考になると思う．

序.1　準備（インストール）

　Pythonのインストールは，Windowsの場合，簡単であるが，少し注意しておいた方がよいこともある．Pythonは，以下のウェブサイトから無料でダウンロードできる．

　・https://www.python.org/downloads/

インストールも，デフォルト設定で行うときは，インストールのフォーム上のボタンを指示に従ってクリックすれば，自動で終了する．しかし，完全にデフォルト設定に任せるのではなく，変えた方がよいこともある．例えば，インストールの開始において，「Add Python 3.6 to PATH」にはチェックを入れておいた方がよい（図 序.1.1）．

図 序.1.1　Pythonインストール開始時のフォーム

Ubuntu の場合は，Python 2 と Python 3 が既にインストールされている．

パッケージをインストールするために pip コマンドを端末ソフト内で使用するときは，Windows の場合は，端末ソフトを管理者権限で起動した方がよい（図 序.1.2）．

図 序.1.2　pip コマンドは，「管理者として実行する」を選んで起動した Windows PowerShell で実行する

例えば，端末ソフトとして PowerShell を用いるときは，アイコンをマウス右ボタンでクリックすると表示されるメニュー項目から「管理者として実行する」を選ぶ．「管理者」として起動した端末ソフトで pip コマンドを実行する（図 序.1.3）．

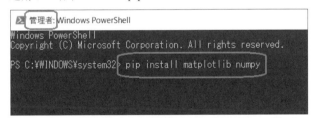

図 序.1.3　「管理者」として起動した Windows PowerShell

Windows 以外の OS のときも，pip コマンドは管理者権限で実行するのがよい．Ubuntu の場合は，Python 3 用にパッケージをインストールするときは，pip に 3

を付けて

sudo pip3 install パッケージ名

とする．

序.2 使 い 方

　Pythonの本書における使用法は，スクリプト（プログラム）ファイルをテキストエディタで作成して実行するスクリプトモード（script mode）を主とする．Pythonのもう1つの使用法としてインタラクティブモード（interactive mode）がある．Pythonを電卓代わりに用いたり，Pythonの仕様（文法）をチェックしたりなど簡単なスクリプトの実行に便利である．まず，スクリプトモードでの使い方を説明する．WindowsとUbuntuの場合について説明するが，他のOSの場合にも参考になると思う．

スクリプトモード（Windows）

　Windowsのときは，Pythonをインストールしたときに Pythonの統合開発環境である IDLE (Integrated Development and Learning Environment) もインストールされているので，これを利用することができる．IDLE を起動してメニュー項目「File | New File」を選べば，新しくファイルを作成するテキストエディタが開かれ，メニュー項目「File | Open…」を

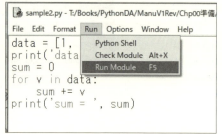

図 序.2.1　Python IDLE のエディタで作成したスクリプトファイルを，メニュー項目「Run | Run Module」を選んで実行．スクリプトファイル sample2.py は，図 序.2.3 のスクリプトファイル sample1.py と同じ内容である

選ぶと既存のファイルを開くことができる．このIDLEのエディタの Windowのメニュー項目「Run | Run Module」を選ぶとスクリプトが実行される．IDLEのエディタのスクリプトファイル例を図 序.2.1 に，その実行例を図 序.2.2 に示す．

```
=============== RESTART: T:/Books/PythonDA/ManuV1Rev/Chp00準備/Chp00準備＿スクリプト/sample2.py ===============
data = [1, 2, 3]
sum = 6
>>>
```

図 序.2.2　IDLE のエディタのスクリプトファイル（図 序.2.1）の実行結果

　Python IDLE を使わずに，メモ帳などのテキストエディタで Python スクリプトを作成して実行することもできる．このときは，端末ソフト（PowerShell など）を

起動して，カレントディレクトリを実行したいスクリプトファイルのおかれているディレクトリに移動した後，コマンド

  python スクリプトファイル名

を入力すればよい．メモ帳で作成した Python スクリプトファイル例を図 序.2.3 に，実行例を図 序.2.4 に示す．

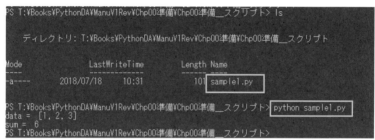

図 序.2.3 テキストエディタ「メモ帳」で作成した Python スクリプト（ファイル名 sample1.py）

図 序.2.4 Python スクリプトファイル sample1.py（図 序.2.3）の実行

スクリプトモード（Ubuntu）

Ubuntu の場合も，上で説明した Windows での端末ソフトを起動して行う方法と同様である．Ubuntu では Python 2 と Python 3 の 2 つがインストール済であるので，Python 3 を使用するときは python に 3 を付けて

  python3 スクリプトファイル名

とする．

図 序.2.5 テキストエディタ gedit で作成した Python スクリプト（ファイル名 sample1.py）

Pythonスクリプトをテキストエディタgeditで作成した例を図 序.2.5に，端末ソフトでの実行例を図 序.2.6に示す．

図 序.2.6 Pythonスクリプトファイルsample1.py（図 序.2.5）の実行

次に，インタラクティブモードでの使い方について説明する．まず，Windowsの場合について説明する．

インタラクティブモード（Windows）

WindowsにおいてPython IDLEを起動したときに表示されるIDLEのWindowはインタラクティブモードの画面で，「>>>」の右にスクリプトを打ち込んでEnterキーを押すと実行される．インタラクティブモードでの使用例を図 序.2.7に示す．

変数名のみを打ち込むと，その変数の表している値（オブジェクト）が表示される．for文などのインデント（字下げ）でまとめられたブロック（スィート（suite）と呼ぶ）があるときは，そのブロックの入力が終わった後，実行される．

Python IDLEを用いずに，端末ソフト（PowerShellなど）を起動してPythonをインタラクティブモードで用いるときは，端末ソフトを起動して「python」と打ち込めばよい．インタラクティブモードでPythonを起動すると，端末の入力行に不等号＞が3個「>>>」と表示される．その右にスクリプトを打ち込んでEnter

図 序.2.7 Python IDLEをインタラクティブモードで使用

図 序.2.8 Windowsの端末ソフトPowerShellでPythonをインタラクティブモードで使用

キーを押すと実行される(図 序.2.8).

このインタラクティブモードを終了するときは,「>>>」の右に「exit()」と打ち込んで Enter キーを押せばよい.

インタラクティブモード(Ubuntu)

端末ソフトを起動して python3 と打ち込めばよい.インタラクティブモードで Python が起動すると,端末の入力行に不等号 > が 3 個「>>>」と表示される.その右にスクリプトを打ち込んで Enter キーを押すと実行される.Windows の端末ソフトを起動して Python をインタラクティブモードで使う場合と同様であり,使用例を図 序.2.9 に示す.このインタラクティブモードを終了するときは,「>>>」の右に「exit()」と打ち込んで Enter キーを押せばよい.

図 序.2.9 Ubuntu の端末ソフトで Python をインタラクティブモードで使用

スクリプトモードの画面あるいはインタラクティブモードの画面(Window)は,起動のアイコンあるいは項目をマウスの右ボタンでクリックして表示される項目を選んで起動すれば新規の Window が起動されるので,複数の Python 実行環境を利用することができる.

Python のインストールと使い方については,著者のウェブサイトでも説明している.
・http://y-okamoto-psy1949.la.coocan.jp/Python/
・http://y-okamoto-psy1949.la.coocan.jp/Python/Install35win/

第1章　基本統計量の計算

　量的データ $X_1, \cdots, X_N$ が与えられたとき，その分布の状態を表す統計量として平均値（mean）とか分散（variance）などが算出される．平均値と分散は次式で与えられる．

$$mean = \frac{1}{N}\sum_{i=1}^{N} X_i, \quad variance = \frac{1}{N}\sum_{i=1}^{N}(X_i - mean)^2$$

これは，データが次のように

```
data = [10, 30, 20, 50]
```

リスト型として与えられているとき，リスト1.1のスクリプトで算出できる．実行結果は，リスト1.2のようになる．

リスト1.1　基本統計量の計算

```
data = [10, 30, 20, 50]
print('data = ', data)
sum = 0
for v in data:
    sum += v
print('sum = ', sum)
mean = sum / len(data)
print('mean =', mean)

ssum = 0.0
for v in data:
    ssum += (v - mean) ** 2
var = ssum / len(data)
print('var = ', var)
```

リスト1.2　リスト1.1の実行結果

```
data =  [10, 30, 20, 50]
sum =  110
mean = 27.5
var =  218.75
```

Pythonには，いろいろな機能がパッケージによって提供されている．上の計算はパッケージnumpyに用意されている関数によっても算出できる．Numpyについてのドキュメントは

・https://docs.scipy.org/doc/

から入手できる．

リスト1.3のスクリプトでは，numpyを用いて平均値，分散，標準偏差を求めている．実行結果をリスト1.4に示す．

リスト1.3　Numpyを利用した統計量の計算

```
import numpy as np

data = [10, 30, 20, 50]
print('data = ', data)
v_sum = np.sum(data)
print('sum = ', v_sum)
v_mean = np.mean(data)
print('mean = ', v_mean)
v_var = np.var(data)
print('var = ', v_var)
v_std = np.std(data)
print('v_std = ', v_std, '   v_std ** 2 = ', v_std**2)
```

リスト1.4　リスト1.3の実行結果

```
data = [10, 30, 20, 50]
sum = 110
mean = 27.5
var = 218.75
v_std = 14.79019945774904    v_std ** 2 = 218.75
```

統計量としては，ほかに最小値，中央値，最大値，第1四分位数，第2四分位数（中央値），第3四分位数などがあるが，numpyを利用してこれらを求めるスクリプトをリスト1.5に，実行結果をリスト1.6に示す．

リスト1.5　四分位数などの計算

```
import numpy as np

data = [10, 30, 20, 50]
print ('data = ', data)
v_min = np.amin (data)
print ('v_min = ', v_min)
v_med = np.median (data)
print('median = ', v_med)
```

```
v_max = np.amax(data)
print('v_max = ', v_max)

Q1 = np.percentile(data, 25)
Q2 = np.percentile(data, 50)
Q3 = np.percentile(data, 75)
print('Q1 = {0}    Q2 = {1}    Q3 = {2} '.format(Q1, Q2, Q3))
```

リスト 1.6　リスト 1.5 の実行結果

```
data = [10, 30, 20, 50]
v_min = 10
median = 25.0
v_max = 50
Q1 = 17.5   Q2 = 25.0   Q3 = 35.0
```

リスト 1.5 のスクリプトにおけるデータは

```
data = [10, 30, 20, 50]
```

とリスト data で与えられていて，データ数は 4 個である．四分位数は大きさの順で考えて 1 番目と 2 番目の平均値，2 番目と 3 番目の平均値，3 番目と 4 番目の平均値であることが 1 つの考え方であるが，リスト 1.6 の出力を見ると，第 1 四分位数と第 3 四分位数はそのようにはなっていない．これは，区間 $[1, 4]$ を 4 等分して加重平均を求めているからである．第 1 四分位数が大きさの順で 1 番目と 2 番目のデータの平均値になるようにするには，区間 $[0.5, 4.5]$ において 4 等分する必要がある．

　一般的に考える．N 個のデータ $X_1, \cdots, X_N$ を大きさの順に並べたとき，i 番目のデータは数直線上の区間 $[1-0.5, N+0.5]$ において区間 $[i-0.5, i+0.5]$ を占めると考える（図 1.1）．

　$100p$ パーセンタイルの値は，全区間 $[1-0.5, N+0.5]$ における左端の点から Np 右の位置の値として算出する．これは，リスト 1.7 の関数 MyPercentile によって求めることができる．

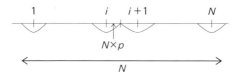

図1.1 パーセンタイル値の算出．N 個のデータを大きさの順に並べたとき，第 i 番目のデータは数直線上の区間 $[1-0.5, N+0.5]$ において区間 $[i-0.5, i+0.5]$ を占めると考える．

リスト1.7 区間 $[1-0.5, N+0.5]$ に基づく四分位数

```
def MyPercentile( d, p ):
    x = sorted(d)
    n = len(x)
    pos = n * (p / 100.0) + 0.5
    if pos <= 1:
        return x[0]
    elif pos >= n:
        return x[n - 1]
    else:
        i = int(pos)
        v = (pos - i) * x[i] + (i + 1 - pos) * x[i - 1]
        return v

data = [10, 30, 20, 50]
print('data = ', data)

myQ1 = MyPercentile(data, 25)
myQ2 = MyPercentile(data, 50)
myQ3 = MyPercentile(data, 75)
print('MyQ1 = {0}   MyQ2 = {1}   MyQ3 = {2}'.format(myQ1, myQ2, myQ3))
```

実行結果をリスト1.8に示す．4個のデータの四分位数(25パーセンタイル，50パーセンタイル，および75パーセンタイル)が，大きさの順で考えて1番目と2番目の平均値，2番目と3番目の平均値，3番目と4番目の平均値になっていることが確認できる．

リスト1.8 リスト1.7の実行結果

```
data =  [10, 30, 20, 50]
```

MyQ1 = 15.0   MyQ2 = 25.0   MyQ3 = 40.0

　パーセンタイルを求めるときには，データを大きさの順に並べる必要がある．並べ替えの関数として sorted と sort がある．この2つの関数の比較のため，リスト 1.9 では

```
data_1 = sorted(data)
data.sort()
```

と用いられている．関数 sorted は，並べ替えたものを実引数とは別のリストとして返すものである．関数 sort は，関数を呼び出したリストの並べ替えを行うものである．リスト 1.9 の実行結果をリスト 1.10 に示す．関数 sorted と sort の違いが確認できる．

リスト 1.9　並替えの関数 sort と sorted

```
data = [10, 30, 20, 50]
print('data = ', data)

data_1 = sorted(data)
print('data_1 = ', data_1)
print('data   = ', data)

import copy

data_copy = copy.copy(data)
data.sort()
print('data   = ', data)
print('data_copy = ', data_copy)
```

リスト 1.10　リスト 1.9 の実行結果

```
data   = [10, 30, 20, 50]
data_1 = [10, 20, 30, 50]
data   = [10, 30, 20, 50]
data   = [10, 20, 30, 50]
data_copy = [10, 30, 20, 50]
```

　リスト 1.7 の関数 MyPercentile では，引数として読み込んだリストを関数 sorted で並べ替えたものを用いている．これは，一般に関数の引数としてリスト

を用いた場合，その引数への操作が呼出し元のリストに影響するからである．これを確かめるために関数 replace0 を用意した(リスト 1.11)．

リスト 1.11　関数の引数の値の変化

```python
def replace0( d, c ):
    d[0] = c

def replace( d, c ):
    d = c

data = [10, 30, 20, 50]
print('data = ', data)

replace0(data, 'a')
print('data = ', data)

v = 1
print('v = ', v)
replace( v, 2 )
print('v = ', v)
```

リスト 1.11 の実行結果(リスト 1.12)を見れば，呼出し元のリスト data の要素の値が変化しているのがわかる．引数がリストでない関数 replace の場合は，関数内で値が変わっても呼出し元の実引数の値は変わらない．

リスト 1.12　リスト 1.11 の実行結果

```
data =  [10, 30, 20, 50]
data =  ['a', 30, 20, 50]
v =  1
v =  1
```

Python には種々の便利な機能が用意されているので，これらを活用すれば簡明なスクリプトを書くことができる．必要な機能を既存の Python ライブラリに見つけることができない場合は，必要な処理を行うための Python スクリプトを書けばよい．

第2章 グラフ描画
──データの可視化──

　データはグラフとして可視化すると，その分布の様子が直感的に理解できる．Pythonでは，種々のグラフを描くライブラリが豊富に用意されている．ここでは，matplotlibライブラリを使用したグラフ描画について説明する．Matplotlibについての詳しい説明は，以下のウェブサイトで得ることができる．

・https://matplotlib.org/contents.html

2.1　棒グラフ

　まず，棒グラフについて説明する．表2.1.1に示すデータは，心理学科1年生39名に大学受験時の心理学についてのイメージを聞いたときの回答数である．これを棒グラフで表すスクリプトを，リスト2.1.1に示す．

表2.1.1　心理学科1年生39名に，大学受験時における心理学のイメージを聞いたときの回答者数

心理学 > 臨床心理学	心理学 ≒ 臨床心理学	その他
24	10	5

リスト2.1.1　棒グラフ描画の簡単なスクリプト例

```
import matplotlib.pyplot as plt

values = [24, 10, 5]
index = [0, 1, 2]
plt.bar(index, values)
names = ['Psy>Clin', 'Psy=Clin', 'Others']
plt.xticks(index, names)
plt.show()
```

データをリスト

```
values = [24, 10, 5]
```

に設定して，棒グラフの横軸上の位置をリスト

```
index = [0, 1, 2]
```

に設定している．整数値で等間隔に設定しておくと，標準的な描画設定になる．
　スクリプト

```
plt.bar(index, values)
```

で，リスト index で指定された横軸上の位置に，リスト values に設定されている値に対応する高さの棒が描かれる．
　スクリプト

```
names = ['Psy>Clin', 'Psy=Clin', 'Others']
plt.xticks(index, names)
```

で，リスト names に設定された文字列が，リスト index に設定された横軸上の位置の下に表示される．
　以上の描画内容が，スクリプト

```
plt.show()
```

の実行で表示される（図 2.1.1）．表示されているグラフは，下の保存アイコンをクリックすれば保存することができる．この保存した画像ファイルを適当なアプリケーションで開いて説明などを追加すると，わかりやすいグラフになる（図 2.1.2）．

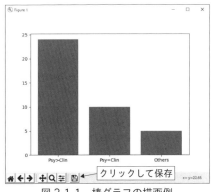

図 2.1.1　棒グラフの描画例

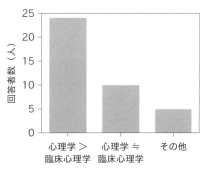

図 2.1.2　描画グラフを保存したもの（図 2.1.1）を Word の文書に取り込んで説明を加えたもの

図 2.1.2 の場合は，Word のメニュー項目「挿入｜図形｜新しい描画キャンバス」で用意した描画キャンバスに張り付けた画像に説明の追加などを行っている．このとき，保存した画像を，直接「挿入｜画像」メニュー項目を選んで描画キャンバス内に入れると，画像が劣化する．一旦，ペイントで保存画像ファイルを開いてから，コピー・張り付けによって描画キャンバス内に張り付ける方が，きれいな画像になる．

2.2　ヒストグラム

リスト 2.2.1 のスクリプトは，2018 年 6 月 4 日の日本気象協会によるアメダスの各地の最高気温と最低気温のヒストグラムを描くものである．リスト Htemp に最高気温を，リスト Ltemp に最低気温を設定している．

リスト 2.2.1　ヒストグラム描画スクリプト

```
import matplotlib.pyplot as plt

Htemp = [30.1, 30.7, 25.2, 26.0, 30.5, 25.3, 28.1, 31.4, 30.5, 29.1,
         28.5, 30.7, 28.3, 26.3, 29.5, 31.2, 32.0, 30.1, 26.4, 29.0,
         28.2, 29.4, 29.6, 29.6, 27.7, 26.9, 30.2, 28.3, 31.3, 28.0,
         31.1, 27.0, 30.0, 29.2, 29.8, 28.1, 29.5, 28.4, 28.5, 28.6,
         27.6, 29.3, 30.5, 28.4, 30.3, 28.3, 26.4, 28.7, 29.7]

Ltemp = [11.9, 14.5, 12.4, 12.8, 17.0, 18.1, 15.9, 16.0, 17.4, 18.5,
         19.4, 17.7, 19.1, 15.6, 17.5, 17.9, 16.2, 15.5, 17.2, 16.5,
         19.4, 18.7, 19.8, 19.6, 16.9, 19.1, 19.4, 19.9, 18.9, 17.4,
         17.1, 18.8, 15.9, 16.8, 16.8, 18.0, 16.7, 17.6, 17.9, 17.3,
         17.5, 20.5, 19.9, 18.7, 18.9, 18.4, 20.0, 21.9, 23.9]

plt.title('Maximum and Minimum Temperatures', fontsize = 16)
plt.xlabel('Temperature in $^\circ\mathrm{C}$')
plt.ylabel('Frequency')
plt.hist(Htemp, color = '#FFAA00', alpha = 0.7, label = 'Max. Temp')
plt.hist(Ltemp, color = '#0000AA', alpha = 0.7, label = 'Min. Temp')
plt.legend()
plt.show()
```

スクリプト

```
plt.title('Maximum and Minimum Temperatures', fontsize = 16)
```

で，グラフの上部に表示されるタイトルを設定して，フォントサイズを 16 に指定

している．

次のスクリプト

```
plt.xlabel('Temperature in $^¥circ¥mathrm{C}$')
plt.ylabel('Frequency')
```

で横軸と縦軸に表示されるラベルを設定している．matplotlibの文字列には，Texを用いることができるが，Texの機能が完全にサポートされているわけではない．Texを使ってみてエラーが出たら，ケースバイケースで対処を工夫することになる．

ヒストグラムは，次のスクリプトでHtempとLtempの2つのヒストグラムを描いている．

```
plt.hist(Htemp, color = '#FFAA00', alpha = 0.7, label = 'Max. Temp')
plt.hist(Ltemp, color = '#0000AA', alpha = 0.7, label = 'Min. Temp')
```

色は，colorにRGBの形式で設定している．#の後に16進数2桁ずつでRGBの順に値を表したものを，文字列としてcolorに設定する．色は，表2.2.1に示す英小文字1字で指定することもできる．

引数alphaは透明さの度合いで，1.0のとき透明さはなし，0.0のとき完全に透明になる．

引数labelは，描かれたヒストグラムの説明で，関数legendの呼出しで描画される．リスト2.2.1では，関数legendに引数はないが，引数locの値として0から

表2.2.1 英小文字と対応する色

色を表す文字	表される色
b	blue
g	green
r	red
c	cyan
m	magenta
y	yellow
k	black
w	white

表2.2.2 関数legendの引数locの値と表示位置

引数locの値	位置
0	最適な位置
1	右上
2	左上
3	左下
4	右下
5	右
6	中央左
7	中央右
8	中央下
9	中央上
10	中央

10 までの値を設定して関数 legend を呼び出すと，引数 loc の値に対応した位置にレジェンドが表示される．引数 loc の値と表示位置の関係を表 2.2.2 に示す．

スクリプト

```
plt.show()
```

の実行で，ヒストグラムが表示される（図 2.2.1）．図 2.2.1 のヒストグラムでは，最高気温と最低気温の分布に重なりがないが，重なる部分があれば，alpha に設定した値に対応する透明度で重なりが描かれる．

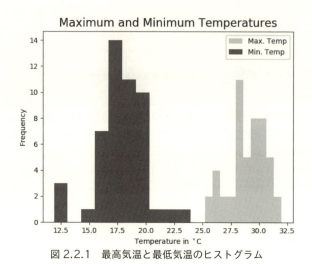

図 2.2.1　最高気温と最低気温のヒストグラム

2.3　散　布　図

2018 年 6 月 4 日の日本気象協会によるアメダスの各地の最高気温と最低気温のデータに基づいて散布図を描くスクリプトを，リスト 2.3.1 に示す．都市名のリスト City，最高気温のリスト Htemp，最低気温のリスト Ltemp が用意されている．散布図描画のときは，これらのリスト内の要素の順序が，同じ都市のものが対応するように並べられていなければならない．リスト 2.3.2 のスクリプトは，都市ごとに都市名と最高気温，最低気温が 1 組としてまとめられたデータ，リスト data，から都市名，最高気温あるいは最低気温だけを取り出して順番に出力するものである．出力ファイルを

```
f = open('temp.txt', 'w')
```

と用意しているので，リスト 2.3.2 のスクリプトの実行後，ファイル temp.txt を開いてリスト 2.3.1 のスクリプトを作成すると，都市名のリスト City，最高気温のリスト Htemp，最低気温のリスト Ltemp 内の要素の順序が，同じ都市同士対応するように設定できる．

リスト 2.3.1　最高気温と最低気温の散布図描画スクリプト

```
import matplotlib.pyplot as plt
import numpy as np

City = ['asahikawa', 'sapporo', 'hakodate', 'aomori', 'morioka',
        'sendai', 'akita', 'yamagata', 'fukusima', 'tokyo',
        'yokohama', 'kumagaya', 'tiba', 'mito', 'utunomiya',
        'maehasi', 'koufu', 'nagano', 'niigata', 'toyama',
        'kanazawa', 'fukui', 'nagoya', 'gifu', 'sizuoka',
        'tu', 'osaka', 'kobe', 'kyoto', 'hikone',
        'nara', 'wakayama', 'totori', 'matue', 'okayama',
        'hirosima', 'yamaguti', 'tokusima', 'takamatu', 'matuyama',
        'koti', 'fukuoka', 'saga', 'nagasaki', 'kumamoto',
        'oita', 'miyazaki', 'kagosima', 'naha']

Htemp = [30.1, 30.7, 25.2, 26.0, 30.5, 25.3, 28.1, 31.4, 30.5, 29.1,
         28.5, 30.7, 28.3, 26.3, 29.5, 31.2, 32.0, 30.1, 26.4, 29.0,
         28.2, 29.4, 29.6, 29.6, 27.7, 26.9, 30.2, 28.3, 31.3, 28.0,
         31.1, 27.0, 30.0, 29.2, 29.8, 28.1, 29.5, 28.4, 28.5, 28.6,
         27.6, 29.3, 30.5, 28.4, 30.3, 28.3, 26.4, 28.7, 29.7]

Ltemp = [11.9, 14.5, 12.4, 12.8, 17.0, 18.1, 15.9, 16.0, 17.4, 18.5,
         19.4, 17.7, 19.1, 15.6, 17.5, 17.9, 16.2, 15.5, 17.2, 16.5,
         19.4, 18.7, 19.8, 19.6, 16.9, 19.1, 19.4, 19.9, 18.9, 17.4,
         17.1, 18.8, 15.9, 16.8, 16.8, 18.0, 16.7, 17.6, 17.9, 17.3,
         17.5, 20.5, 19.9, 18.7, 18.9, 18.4, 20.0, 21.9, 23.9]

plt.figure(figsize = (10, 8))    #   in inches
plt.xlim(24, 34)
plt.ylim(10, 25)
plt.title('Scatterplot of (Max.temp, Min.temp)¥n', fontsize = 20)
plt.xlabel('Maximum Temperature ($^¥circ¥mathrm{C}$)')
plt.ylabel('Minimum Temperature ($^¥circ¥mathrm{C}$)')
plt.plot(Htemp, Ltemp, 'bo', alpha = 0.6)
for ID, H, L in zip(City, Htemp, Ltemp):
```

```
    plt.text(H + 0.1, L + 0.1, ID, color = 'b', alpha = 0.6)
MeanH = np.mean(Htemp)
plt.vlines(MeanH, 10, 25, linestyle = '--', color = '#FFAA00AA',
        label = 'Mean max. temp. ({0:.1f}'.format(MeanH) +
        '$^¥circ¥mathrm{C}$)')
MeanL = np.mean(Ltemp)
plt.hlines(MeanL, 24, 34, linestyle = '--', color = '#00AAFFAA',
        label = 'Mean min. temp. ({0:.1f}'.format(MeanL) +
        '$^¥circ¥mathrm{C}$)')
plt.legend()
plt.show()
```

リスト 2.3.2 アメダスの都市，最高気温，最低気温のデータ処理スクリプト

```
data = [    #   Amedas, 2018.06.04
    ['asahikawa', 30.1, 11.9], ['sapporo', 30.7, 14.5], ['hakodate', 25.2, 12.4],
    ['aomori', 26.0, 12.8], ['morioka', 30.5, 17.0], ['sendai', 25.3, 18.1],
    ['akita', 28.1, 15.9], ['yamagata', 31.4, 16.0], ['fukusima', 30.5, 17.4],
    ['tokyo', 29.1, 18.5], ['yokohama', 28.5, 19.4], ['kumagaya', 30.7, 17.7],
    ['tiba', 28.3, 19.1], ['mito', 26.3, 15.6], ['utunomiya', 29.5, 17.5],
    ['maehasi', 31.2, 17.9], ['koufu', 32.0, 16.2], ['nagano', 30.1, 15.5],
    ['niigata', 26.4, 17.2], ['toyama', 29.0, 16.5], ['kanazawa', 28.2, 19.4],
    ['fukui', 29.4, 18.7], ['nagoya', 29.6, 19.8], ['gifu', 29.6, 19.6],
    ['sizuoka', 27.7, 16.9], ['tu', 26.9, 19.1], ['osaka', 30.2, 19.4],
    ['kobe', 28.3, 19.9], ['kyoto', 31.3, 18.9], ['hikone', 28.0, 17.4],
    ['nara', 31.1, 17.1], ['wakayama', 27.0, 18.8], ['totori', 30.0, 15.9],
    ['matue', 29.2, 16.8], ['okayama', 29.8, 16.8], ['hirosima', 28.1, 18.0],
    ['yamaguti', 29.5, 16.7], ['tokusima', 28.4, 17.6], ['takamatu', 28.5, 17.9],
    ['matuyama', 28.6, 17.3], ['koti', 27.6, 17.5], ['fukuoka', 29.3, 20.5],
    ['saga', 30.5, 19.9], ['nagasaki', 28.4, 18.7], ['kumamoto', 30.3, 18.9],
    ['oita', 28.3, 18.4], ['miyazaki', 26.4, 20.0], ['kagosima', 28.7, 21.9],
    ['naha', 29.7, 23.9]]

f = open('temp.txt', 'w')
for v in data:
    print("' {} ',",'.format(v[0]), end = '')
    f.write("' {} ',",'.format(v[0]))

print('¥n')
f.write('¥n¥n¥n')

for v in data:
    print(' ', v[1], ',', end = '')
    f.write(' {} ,'.format(v[1]))
```

```
print('¥n')
f.write('¥n¥n¥n')

for v in data:
    print(' ', v[2], ',', end = '')
    f.write(' {},'.format(v[2]))

f.close()
```

リスト 2.3.1 の次のスクリプト

```
plt.figure(figsize = (10, 8))   #  in inches
plt.xlim(24, 34)
plt.ylim(10, 25)
```

は，図の大きさを，横 10 インチ，縦 8 インチに設定して，横軸の目盛りを 24 から 34 まで，縦軸の目盛りを 10 から 25 までに設定するものである．

次のスクリプト

```
plt.title('Scatterplot of (Max.temp, Min.temp)¥n', fontsize = 20)
plt.xlabel('Maximum Temperature ($^¥circ¥mathrm{C}$)')
plt.ylabel('Minimum Temperature ($^¥circ¥mathrm{C}$)')
```

で描画グラフのタイトル，横軸と縦軸のラベルを設定している．

最高気温 Htemp を横軸，最低気温 Ltemp を縦軸の値とする散布図がスクリプト

```
plt.plot(Htemp, Ltemp, 'bo', alpha = 0.6)
```

によって描かれる．3 番目の引数 'bo' は，散布図の点の色と形を設定するものである．最初の英小文字が色を表し，'b' であるので青色で描かれる（表 2.2.1）．2 番目の文字 'o' は，円で描くことを指定するものである．この文字（マーカー）と描かれる形との関係のいくつかを表 2.3.1 に示す．

引数 alpha は，透明さを指定するものである．散布図の点が多く，重なっているときは，透明度を設定して見やすくできる．

次のスクリプトで，リスト City に設定された都市名を散布図中に表示している．

```
for ID, H, L in zip(City, Htemp, Ltemp):
    plt.text(H + 0.1, L + 0.1, ID, color = 'b', alpha = 0.6)
```

表 2.3.1 マーカーと記号

マーカー	記号	マーカー	記号
'.'	Point	's'	Square
','	Pixel	'p'	Pentagon
'o'	Circle	'*'	Star
'v'	Triangle_down	'h'	Hexagon1
'^'	Triangle_up	'H'	Hexagon2
'<'	Triangle_left	'+'	Plus
'>'	Triangle_right	'x'	x
'1'	Tri_down	'D'	Diamond
'2'	Tri_up	'd'	Thin_diamond
'3'	Tri_left	'|'	Vline
'4'	Tri_right	'_'	Hline
'8'	Octagon	'$…$'	Mathtext string

次のスクリプトは，最高温度の平均値，および最低温度の平均値にあたる位置に垂直線と水平線を引くものである．

```
MeanH = np.mean(Htemp)
plt.vlines(MeanH, 10, 25, linestyle = '--', color = '#FFAA00AA',
    label = 'Mean max. temp.（{0:.1f}'.format(MeanH) +
    '$^¥circ¥mathrm{C}$)')
MeanL = np.mean(Ltemp)
plt.hlines(MeanL, 24, 34, linestyle = '--', color = '#00AAFFAA',
    label = 'Mean min. temp.（{0:.1f}'.format(MeanL) +
    '$^¥circ¥mathrm{C}$)')
```

引数 linestyle は，垂直線あるいは水平線の線種を指定するものである．線種指定の一部を表 2.3.2 に示す．

引数 color は，色を指定するものである．表 2.2.1 の英小文字による指定もできるが，ここでは RGBA 表示を用いている．RGB の右に，alpha 値を 2 桁の 16 進数で表して付けたものである．

引数 label に設定された説明文は，次のスクリプト

表 2.3.2 線種の指定（一部）

記号	線種
'-'	実線
'--'	破線
'-.'	一点鎖線
':'	点線

```
plt.legend()
```

の実行で表示される．

リスト 2.3.1 のスクリプトを実行すると，図 2.3.1 の散布図が表示される．

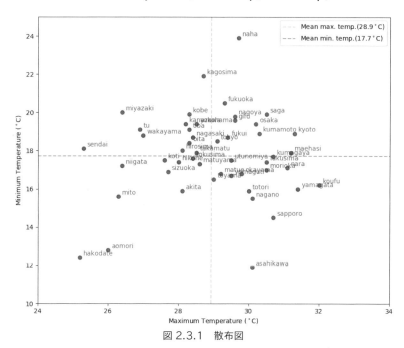

図 2.3.1　散布図

2.4　折れ線グラフ

日本気象協会による 2018 年 6 月 5 日の東京都千代田区の 10 日間予測における最高気温と最低気温を折れ線グラフで表すスクリプトを，リスト 2.4.1 に示す．

リスト 2.4.1　10 日間予測の折れ線グラフ描画スクリプト

```
import matplotlib.pyplot as plt

Days = [5, 6, 7, 8, 9, 10, 11, 12, 13, 14]

MaxTemp = [28, 24, 25, 27, 27, 25, 25, 27, 28, 25]

MinTemp = [18, 20, 17, 17, 20, 20, 19, 16, 17, 18]
```

```
plt.title('The Weather Forecast for¥nthe 10 Days Ahead', fontsize = 16)
plt.plot(Days, MaxTemp, 'rD', markersize = 9)
plt.plot(Days, MinTemp, 'bs', markersize = 9)
plt.plot(Days, MaxTemp, 'r-', linewidth = 3, label = 'Max. Temp')
plt.plot(Days, MinTemp, 'b-', linewidth = 3, label = 'Min. Temp')
plt.xlim(4, 15)
plt.ylim(15, 30)
plt.legend(loc = 0)
plt.xlabel('Day')
plt.ylabel('Temperature ($^¥circ¥mathrm{C}$)')
plt.show()
```

日にちをリスト Days に，最高気温をリスト MaxTemp に，最低気温をリスト MinTemp に設定している．各リスト内の要素の並びは，同じ日に対する最高気温と最低気温であるように対応している．スクリプト

```
plt.title('The Weather Forecast for¥nthe 10 Days Ahead', fontsize = 16)
```

でグラフの上部に表示されるタイトルを設定して，スクリプト

```
plt.plot(Days, MaxTemp, 'rD', markersize = 9)
plt.plot(Days, MinTemp, 'bs', markersize = 9)
```

で，各日にちの最高気温を赤のダイヤモンドで，最低気温を青の正方形で表示している（表 2.2.1，表 2.3.1 参照）．各マーカーの大きさは引数 markersize で 9 に設定している．

次に，最高気温および最低気温の各点を次のスクリプト

```
plt.plot(Days, MaxTemp, 'r-', linewidth = 3, label = 'Max. Temp')
plt.plot(Days, MinTemp, 'b-', linewidth = 3, label = 'Min. Temp')
```

によって折れ線で繋いでいる．色と線種をそれぞれ 'r-' および 'b-' で指定して（表 2.2.1，表 2.3.2 参照），線分の太さを引数 linewidth で設定している．

横軸と縦軸の表す範囲をスクリプト

```
plt.xlim(4, 15)
plt.ylim(15, 30)
```

で設定している．

次のスクリプト

```
plt.legend(loc = 0)
plt.xlabel('Day')
plt.ylabel('Temperature ($^¥circ¥mathrm{C}$)')
```

によって，各折れ線のラベルを引数 loc の値を 0 にして legend を実行して最適な位置に表示している（表 2.2.2 参照）．横軸と縦軸それぞれのラベルも表示している．

リスト 2.4.1 のスクリプトを実行すると，図 2.4.1 の折れ線グラフが表示される．

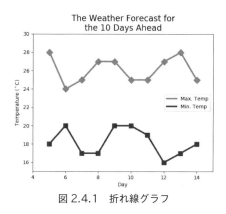

図 2.4.1　折れ線グラフ

2.5　ラインスタイルの設定

ラインスタイルは，表 2.3.2 に示されているもの以外のスタイルを用いることもできる．設定法は，引数 linestyle に

```
linestyle = (offset, onoffseq)
```

と線分のオン・オフのパターンを設定する．onoffseq は，オンの長さとオフの長さを並べたものの繰返しを表すタプルである．オンとオフのペアで並べて指定するので，タプルの要素の個数は偶数個である．使用例をリスト 2.5.1 に示す．このスクリプトを実行すると，図 2.5.1 のように表示される．

リスト 2.5.1　ラインスタイルの設定例

```
import matplotlib.pyplot as plt

plt.figure(figsize = (5, 3))    # in inches
plt.xlim(0, 10)
plt.ylim(0, 6)
```

```
plt.plot([1, 9], [3, 3], 'bo')
plt.plot([1, 9], [3, 3], color = 'b', linestyle = (0, (20, 5)))
plt.plot([1, 9], [4, 4], 'bo')
plt.plot([1, 9], [4, 4], color = 'b', linestyle = (5, (20, 5)))
plt.plot([1, 9], [2, 2], 'bo')
plt.plot([1, 9], [2, 2], color = 'b', linestyle = (-5, (20, 5)))

plt.plot([1, 9], [5, 5], color = 'r', linestyle = (0, (20, 3, 3, 3)))
plt.plot([1, 9], [1, 1], color = 'g', linestyle = (0, (10, 2, 2, 2, 2, 2)))

plt.show()
```

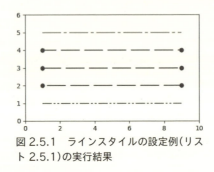

図 2.5.1　ラインスタイルの設定例(リスト 2.5.1)の実行結果

コラム 2.C.1　疑似相関

　2つの変量 X と Y が第三の変量 Z の影響を受けているとき，変量 X と Y の関係が変量 Z によるもので，変量 Z の影響を X および Y から除くと X と Y の関係がなくなることがある．例えば，体重と知っている漢字の数を小学生に対してデータを採ったとき，1年生から6年生までのデータをまとめて相関係数を算出すると正の相関があると予想される．これは，学年が上がるほど，体重も知っている漢字の数も増えると予想されるからである．しかし，同じ学年であれば，相関はないと予想される．表 2.E.1 と 2.E.2 のデータは，疑似相関に関係するものである．表 2.E.1 のデータは，グループ内では相関がない，すなわち変量 SB を従属変数，変量 SA を独立変数としたときの回帰モデルの傾きが0であるように作られているが，グループを込みにして単回帰モデルを適用すると傾きは正になる(第5章◆演習課題 5.E.1)．表 2.E.2 のデータでは，グループ内では従属変数 SB は独立変数 SA の負の傾きをもつ1次関数で表されるが，グループを込みにした単回帰モデルでは，傾きは正になる(第5章◆演習課題 5.E.2)．しかし，いずれのデータも重回帰分析でグループの効果を除くと，グループ内での従属変数 SB と独立変数 SA の関係が確認できる(第6章◆演習課題 6.E.1, 6.E.2)．

◆**演習課題 2.E.1**　表 2.E.1 のデータの散布図を描く Python スクリプトを作成せよ．解答例は，著者のウェブサイトに挙げてある．

・http://y-okamoto-psy1949.la.coocan.jp/booksetc/pyda/

◆**演習課題 2.E.2**　表 2.E.2 のデータの散布図を描く Python スクリプトを作成せよ．解答例は，著者のウェブサイトに挙げてある．

・http://y-okamoto-psy1949.la.coocan.jp/booksetc/pyda/

表 2.E.1　3 グループ A，B，C の各人の尺度値 SA と SB

ID	SA	SB
A	11	10
A	12	11
A	11	12
A	10	11
A	11	11
B	13	12
B	14	13
B	13	14
B	12	13
B	13	13
C	15	14
C	16	15
C	15	16
C	14	15
C	15	15

表 2.E.2　3 グループ A，B，C の各人の尺度値 SA と SB

ID	SA	SB
A	15	15
A	16	16
A	12	19
A	19	12
B	25	25
B	26	26
B	22	29
B	29	22
C	35	35
C	36	36
C	32	39
C	39	32

参　考　文　献

グラフ描画の Python スクリプト例が以下の書籍などに豊富に載っている．

Nelli, F. (2015). *Python Data Analysis: Data analysis and science using Pandas, matplotlib, and the Python programming language.* Apress.

Davidson-Pilon, C. (2016). *Bayesian Methods for Hackers: Probabilistic programming and Bayesian inference.* Addison-Wesley.

Martin, O. (2016). *Bayesian Analysis with Python: Unleash the power and flexibility of the Bayesian framework.* Packt Publishing Ltd.

第 3 章　ファイル入出力

　前章までの例では，データはスクリプト中にリスト型として書かれていた．一般には，データはファイル（より一般的にはストリーム）から読み込むことが多い．また，処理結果もファイルに出力されることがある．ファイル入出力について簡単に説明する．テキストファイル入出力，CSV 形式，バイナリファイルの順に説明する．

3.1　テキストファイル入出力

　ファイルは，関数 open によって開き，入出力できる．テキストファイルからの読込みのときは，引数 'r' を付けて開くと，読込み用のファイルオブジェクトが作成されるので，そのオブジェクトの readlines 関数を呼び出すと，ファイルの内容が読み出される．スクリプト例をリスト 3.1.1 に示す．

リスト 3.1.1　テキストファイルからの読込み
```
f = open('TextData.txt', 'r')
data = f.readlines()
f.close()
print('data = \n', data)
for i in range(4):
    data[i] = int(data[i])
data[4] = float(data[4])
print('data = \n', data)
for i in range(5, len(data)):
    data[i] = data[i].strip('\n')
print('data = \n', data)
```

この例では，テキストファイル 'TextData.txt'（図 3.1.1）からの読込み用ファイルオブジェクトをスクリプト

```
f = open('TextData.txt', 'r')
```

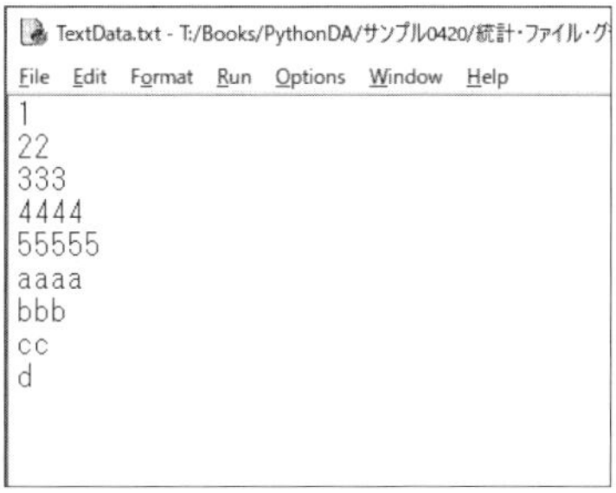

で生成して，変数 f で表している．続いて，
スクリプト

```
data = f.readlines()
f.close()
```

によってファイル内容を読み込み，data に
設定した後，関数 close を実行して開いたフ
ァイルを閉じている．使用後のファイルは，
速やかに閉じるのが原則である．変数 data
の内容は，次のスクリプトで書き出されている．

図 3.1.1　テキストファイルの例

```
print('data = ¥n', data)
```

出力結果は，図 3.1.2 に示されている．テキストファイルの各行が，リストの要素

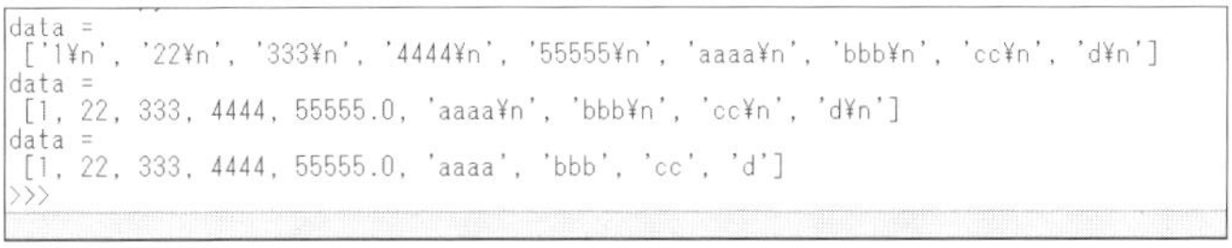

図 3.1.2　リスト 3.1.1 の実行結果

として設定されていることがわかる．また，数値を表す文字列は，そのまま文字列
として読み込まれている．数値を表す文字列をその表す数値に変換するスクリプト
を，リスト 3.1.1 では以下のように用意している．5 番目の数値は，実数型に変換
している．

```
for i in range(4):
    data[i] = int(data[i])
data[4] = float(data[4])
print('data = ¥n', data)
```

変換後の出力も，図 3.1.2 に示されている．

図 3.1.2 の出力を見ると，文字列の最後には改行文字 '¥n' が付いている．これは，
テキストファイルでの各行の行末の改行文字であるが，関数 strip で除去すること
ができる．スクリプトを以下に示す．

```
for i in range(5, len(data)):
    data[i] = data[i].strip('¥n')
print('data = ¥n', data)
```

図 3.1.2 の出力を見ると，改行文字 '¥n' が除去されていることが確認できる．

関数 strip は，引数に文字列が設定されていれば，その文字列の文字が関数 strip の属する文字列の先頭あるいは後ろから除かれる．引数の文字列がない場合は，空白文字が指定されたとして扱われ，文字列の先頭あるいは後ろの空白文字が除かれる．

テキストファイルからデータを読み込んだとき，各行の内容を表す文字列には複数のデータが書かれていて，それらは空白文字などで区切られていることが多い．文字列内のデータが空白文字などの文字で区切られているとき，個々の区切られた文字列を取り出す関数として split がある．リスト 3.1.2 に使用例を示す．

リスト 3.1.2 区切られた文字列の処理

```
a = "a  b  c"
print('a = ', a)
a1 = a.split()
print('a1 = ', a1)
b = "a, b, c"
print('b = ', b)
b1 = b.split()
print('b1 = ', b1)
b2 = b.split(',')
print('b2 = ', b2)

from splitstring import CSplit

sp = CSplit([',', ' '])
b3 = sp.split(b)
print('b3 = ', b3)

c = "a, b  c"
print('c = ', c)
c1 = c.split(',')
print('c1 = ', c1)
c2 = sp.split(c)
print('c2 = ', c2)
```

変数 a に設定された文字列を，関数 split によって空白文字を区切り文字として分割したものが表示される．

```
a = "a  b  c"
a1 = a.split()
print('a1 = ', a1)
```

実行結果をリスト 3.1.3 に示す．

リスト 3.1.3　リスト 3.1.2 の実行結果

```
a =  a b c
a1 =  ['a', 'b', 'c']
b =  a, b, c
b1 =  ['a,', 'b,', 'c']
b2 =  ['a', ' b', ' c']
b3 =  ['a', 'b', 'c']
c =  a, b c
c1 =  [' a', ' b c']
c2 =  ['a', 'b', 'c']
```

次のスクリプトにおける変数 b の場合は，区切り文字がコンマ‘,’と空白‘ ’の 2 つが用いられている．

```
b = "a, b, c"
print('b = ', b)
b1 = b.split()
print('b1 = ', b1)
b2 = b.split(',')
print('b2 = ', b2)
```

空白文字を区切り文字とする split() の場合 (b1) と，コンマを区切り文字とする split(',') の場合 (b2) の結果が出力されている．2 つ以上の文字を区切り文字として併用するためのクラス型 CSplit を，ファイル splitstring.py に宣言した．スクリプトをリスト 3.1.4 に示す．

リスト 3.1.4　文字列を区切るクラス型 (ファイル名 splitstring.py)

```
class CSplit:
    """
        Split a string by separators
    """
    def __init__(self, *seps) :
        """
            Set separators in the parameter *seps
        """
        self.separators = set(' ')        #    Default separator
        if len(seps) > 0:                 #    The separators are given
            self.separators = set( )
            for v in seps [0] :
                self.separators |= {v}
```

```python
def split(self, s) :
    """
        Set the string s to be splitted
        Return the list of splitted substrings
    """
    self.words = [ ]
    if len(s) > 0:
        spos = -1
        epos = 0
        while True:
            while not(s[epos] in self.separators) :
                epos += 1
                if epos >= len(s) :
                    break

            self.words.append(s [spos + 1: epos])
            spos = epos
            epos = spos + 1
            if spos == len(s) - 1:
                self.words.append("")
                break
            if spos >= len(s) :
                break

    self.nonempty_words = [ ]       # Select non empty substrings
    for w in self.words:
        if w != "":
            self.nonempty_words.append(w)
    return self.nonempty_words

def seek(self, pos):
    """
        Return the pos-th substring
    """
    if pos >= len(self.words):
        return ""
    else:
        return self.words [pos]

def seek_nonempty(self, pos):
    """
        Return the pos-th non empty substring
    """
    if pos >= len(self.nonempty_words):
        return ""
```

```
        else:
            return self.nonempty_words [pos]
```

クラス型 CSplit のオブジェクトを生成するときに，区切り文字をリスト型の要素として指定する．次のスクリプト

```
sp = CSplit([',', ' '])
b3 = sp.split(b)
print('b3 = ', b3)
```

の実行結果（リスト 3.1.3）を見れば，変数 b の文字列においてコンマ ',' と空白 ' ' の 2 つの文字が区切り文字として有効に働いていることが確認できる．

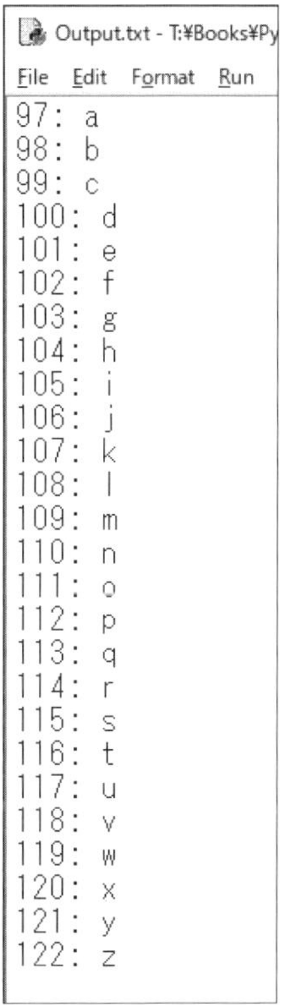

テキストファイルへの出力は，ファイルオブジェクトの関数 write で行うことができる．関数 write は，引数として文字列 1 つをとる関数で，引数の文字列をファイルに書き出す．

リスト 3.1.5　テキストファイルへの出力

```
f = open('Output.txt', 'w')
for i in range(ord('a'), ord('z') + 1):
    f.write(' {0} : {1} ¥n'.format(i, chr(i)))
f.close()
```

使用例をリスト 3.1.5 に示す．スクリプト

```
f = open('Output.txt', 'w')
```

では，第 1 引数のファイル名のテキストファイルに出力するファイルオブジェクトが作成され，変数 f で表されている．第 2 引数に 'w' が設定されているので出力用と指定したことになる．ファイルへの出力が終了したら，必ず関数 close() を実行して，出力内容がすべてファイルに転送されるようにする．

図 3.1.3　リスト 3.1.5 の出力ファイル

リスト 3.1.5 のスクリプトの実行後，出力ファイル Output.txt を開くと，図 3.1.3 のようになっている．

3.2　CSV 形式

項目がコンマ ',' で区切って並べられた comma-separated values (CSV) 形式のデ

ータの読込みは，csv モジュールを用いると簡単にできる．csv ファイルからの読込みの場合，csv.reader によって reader オブジェクトを作成すると，このオブジェクトは for 文の expression list(in の右側)に用いることができるので，csv ファイル内のデータが for 文で読み出せる．例をリスト 3.2.1 に示す．

リスト 3.2.1　CSV 形式の入出力

```
import csv

f = open('Data.csv', 'r')
for v in csv.reader(f):
    print(v)
f.close()

with open('Data.csv', 'r') as f:
    data = [v for v in csv.reader(f)]

print('data =¥n', data)
f = open('CheckData.csv', 'w')
for v in data:
    ck = 0
    for u in v:
        if ck == 0:
            f.write('ck_{}'.format(u))
            ck += 1
        else:
            f.write(',ck_{}'.format(u))
    f.write('¥n')
f.close()
```

次のスクリプト

```
f = open('Data.csv', 'r')
for v in csv.reader(f):
    print(v)
f.close()
```

では，CSV 形式のデータファイル Data.csv を読込みモード 'r' で開き，関数 reader を呼び出して for 文で処理している．ファイル Data.csv は，図 3.2.1 に示す内容のものである．

	A	B	C	D	E	F	G
1	a	b	c		1	2	3
2		5	6	7	e	f	g
3							
4							

図 3.2.1　csv ファイル Data.csv

このファイルの内容を，for 文によって 1 行ずつ読み込み，出力している．実行結果は，図 3.2.2 のようになる．

```
['a', 'b', 'c', '1', '2', '3']
['5', '6', '7', 'e', 'f', 'g']
data =
     [['a', 'b', 'c', '1', '2', '3'], ['5', '6', '7', 'e', 'f', 'g']]
>>>
```

図 3.2.2　リスト 3.2.1 の実行結果

CSV 形式のファイルを with 文を用いて読み込むスクリプトは，次のようになる．

```
with open('Data.csv', 'r') as f:
    data = [v for v in csv.reader(f)]
```

with 文を用いた場合は，with 文のスィート（ブロック）を抜け出したときにファイルの close が自動的に行われるので，関数 close を呼び出す必要はない．

CSV 形式のファイルにデータを書き出すときは，コンマ ',' で区切って並べていけばよい．次のスクリプトは，上で読み込んだ各項目のデータに 'ck_' を左先頭に付けて書き出すものである．

```
f = open('CheckData.csv', 'w')
for v in data:
    ck = 0
    for u in v:
        if ck == 0:
            f.write('ck_{}'.format(u))
            ck += 1
        else:
            f.write(',ck_{}'.format(u))
    f.write('\n')
f.close()
```

リスト 3.2.1 のスクリプト実行終了後に，ファイル CheckData.csv を開くと，図 3.2.3 のようになっている．

	A	B	C	D	E	F	G
1	ck_a	ck_b	ck_c	ck_1	ck_2	ck_3	
2	ck_5	ck_6	ck_7	ck_e	ck_f	ck_g	
3							

図 3.2.3　リスト 3.2.1 のスクリプトで作成した csv ファイル

3.3 バイナリファイル入出力

バイナリファイル入出力は，pickle モジュールを利用すると簡単にできる．リスト 3.3.1 に，pickle を用いたバイナリファイル入出力スクリプト例を示す．

リスト 3.3.1　pickle によるバイナリファイル入出力

```
import pickle

a = [1, 2, 3, 'x', 'y', 'z']

print ('a = ', a)
with open ('usePkl.pkl', 'wb') as f:
        pickle.dump (a, f)

b = pickle.load (open ('usePkl.pkl', 'rb'))
print ('b = ', b)
```

スクリプト

```
with open('usePkl.pkl', 'wb') as f:
    pickle.dump(a, f)
```

によって，ファイル usePkl.pkl がバイナリ出力モード 'wb' で開かれて f で表され，関数 pickle.dump によって，リスト a の内容がファイルオブジェクト f に書き出されている．with 文を用いているので，with 文のスイート（ブロック）から抜け出たときに，ファイルの close 処理が自動的に行われる．

ファイル usePkl.pkl に保存されたオブジェクトを，次のスクリプト

```
b = pickle.load(open('usePkl.pkl', 'rb'))
print('b = ', b)
```

で，pickle.load によって読み出して変数 b で表し，関数 print で表示している．ファイルからの読出しなので，バイナリ入力モード 'rb' で関数 open を呼び出している．

リスト 3.3.1 のスクリプトを実行すると，図 3.3.1 の結果を得る．変数 b の出力と，元の変数 a の出力が同じであることが確認できる．

```
a =  [1, 2, 3, 'x', 'y', 'z']
b =  [1, 2, 3, 'x', 'y', 'z']
>>>
```

図 3.3.1　リスト 3.3.1 の実行結果

第 2 部　多変量解析

　データ分析における代表的な分析法に多変量解析がある．多変量解析も含めて，今日ではデータ分析法の記述において行列が用いられることが多い．まず，行列演算に関する Python スクリプトについて説明する．その後，多変量解析として，単回帰分析，重回帰分析，主成分分析，数量化を取り上げる．

第4章　行列演算とPythonスクリプト

4.1 行列の表現

行列は，モジュール numpy に用意されている *N*-dimensional array を扱うクラス型 ndarray で表すことができる．クラス型 ndarray についての詳しい説明は，numpy のウェブサイトから得ることができる．

・https://www.numpy.org/devdocs/index.html

クラス型 ndarray のオブジェクトは，行列を表すリスト型データを引数として関数 array によって生成することができる．行列を表すリスト型は，各行をリストの要素として表す．その行を表す要素は，行列の行内の要素からなるリストである．例えば，行列

$$\begin{bmatrix} 1 & 2 & 3 \\ 4 & 5 & 6 \end{bmatrix}$$

を表すリストは

$$[[1,2,3],[4,5,6]] \tag{4.1.1}$$

となる．これを引数として

```
A = numpy.array([[1,2,3], [4,5,6]])
```

を実行すると，リスト 4.1.1 で表される行列がクラス型 ndarray のオブジェクトとして生成され，A で表される．

リスト 4.1.1　行列を表すクラス型 ndarray のオブジェクトの生成

```
import numpy as np
A = np.array([[1,2,3], [4,5,6]])
```

```
print('A = ¥n', A)

B = np.full((2, 3), 0.0)
print('B = ¥n', B)
s = B.shape
print('Shape of B =¥n', s)
```

クラス型 ndarray には，便利な関数などがいろいろ用意されている．

行列を表す ndarray 型オブジェクトは，関数 full によっても生成することができる．次のスクリプト

```
B = numpy.full((2, 3), 0.0)
```

により，2 行 3 列の要素の値がすべて 0 である行列が生成される．第 1 引数のタプルに行数と列数を設定し，第 2 引数に行列の要素の値を設定する．

生成された ndarray 型のオブジェクトの型は，shape 属性 (attribute) によって知ることができる．

行列を表す ndarray 型オブジェクトの生成例を，リスト 4.1.1 に示す．実行結果を，リスト 4.1.2 に示す．

リスト 4.1.2　リスト 4.1.1 の実行結果

```
A =
[[1 2 3]
 [4 5 6]]
B =
[[0. 0. 0.]
 [0. 0. 0.]]
Shape of B =
(2, 3)
```

転置行列は，関数 transpose あるいは属性 (attribute) T で求めることができる．例えば，

```
B = A.transpose()
```

を実行すると，行列 A の転置行列 A' が生成されて B によって表される．転置行列を求めるスクリプト例をリスト 4.1.3 に，その実行結果をリスト 4.1.4 に示す．関数

リスト 4.1.3　転置行列の生成

```
import numpy as np
A = np.array([[1,2,3],[4,5,6]])
print('A = \n', A)
B = A.transpose()
print('B = \n', B)
print('A = \n', A)

C = np.array([[1,2,3],[4,5,6]])
print('\nC = \n', C)
D = C.T
print('D = \n', D)
print('C = \n', C)

E = np.array([[1,2,3]])
print('\nE = \n', E)
F = E.transpose()
print('F = \n', F)
G = E.T
print('G = \n', G)
H = np.array([1,2,3])
print('\nH = \n', H)
I = H.transpose()
print('I =\n', I)
J = H.T
print('J =\n', J)
```

リスト 4.1.4　リスト 4.1.3 の実行結果

```
A =
 [[1 2 3]
 [4 5 6]]
B =
 [[1 4]
 [2 5]
 [3 6]]
A =
 [[1 2 3]
 [4 5 6]]

C =
 [[1 2 3]
 [4 5 6]]
D =
 [[1 4]
```

```
 [2 5]
 [3 6]]
C =
 [[1 2 3]
 [4 5 6]]

E =
 [[1 2 3]]
F =
 [[1]
 [2]
 [3]]
G =
 [[1]
 [2]
 [3]]

H =
 [1 2 3]
I =
 [1 2 3]
J =
 [1 2 3]
```

transpose によって転置行列が作成され,B によって表されていること,および関数 transpose を実行しても A は変化しないことが確認できる.属性 T の場合も,同様である.

転置行列は,(1, 3)型行列 E の場合はその転置行列(3, 1)型行列 F および G が求められるが,3 次元ベクトル H の場合は関数 transpose あるいは属性 T によって H と同じものが返されている.

リスト 4.1.1 あるいはリスト 4.1.3 のスクリプトでは,行列 A あるいは B の出力を,簡単に行列の名前を書いて行っている.例えば,行列 A の出力は,次のように

```
print('A = ¥n', A)
```

変数名 A を書くだけで行われている.しかし,出力の書式を指定するときは,行列の要素単位で出力することが必要になる.行列の要素は,行列の右側に行と列を指定したタプルを角括弧[ ]で囲んでおくことによって選ぶことができる.すなわち,

$$行列[(行位置,列位置)]$$

の形式である．行位置と列位置は，0 から数えるので注意．また，タプルの丸括弧（ ）を省略して

行列［行位置，列位置］

としてもよい．

行列の要素は，スライシング(slicing)によって指定することもできる．オブジェクトの右に角括弧［　］を付けて，その中に指定したい要素の位置を書いて要素を取り出すことがスライシングであるが，

行列［行位置］

で指定した行が取り出され，

行列［行位置］［列位置］

で，取り出した行内の指定した列位置にある要素が取り出される．

行列の要素単位で出力するスクリプト例をリスト 4.1.5 に示す．

リスト 4.1.5　行列の行単位および要素単位の出力

```
import numpy as np
A = np.array([[1,2,3],[4,5,6]])
print('A = ¥n', A)
print('A =')
for i in range(2):
    for j in range(3):
        print('  {} '.format(A[(i,j)]), end = '')
    print(' ')
print('A =')
for i in range(2):
    for j in range(3):
        print('   a({0},{1}) = {2} '.format(i+1, j+1,
                                            A[i,j]), end = ' ')
    print('¥n')
for i in range(2):
    print('A[{0}] = {1} '.format(i, A[i]))
    for j in range(3):
        print('   A[{0}][{1}] = {2} '.format(i, j, A[i][j]), end = '')
    print(' ')
```

リスト 4.1.5 を実行すると，リスト 4.1.6 の結果を得る．

リスト 4.1.6　リスト 4.1.5 の実行結果

```
A =
 [[1 2 3]
 [4 5 6]]
A =
 1 2 3
 4 5 6
A =
 a(1,1) = 1   a(1,2) = 2   a(1,3) = 3

 a(2,1) = 4   a(2,2) = 5   a(2,3) = 6

A[0] = [1 2 3]
 A[0][0] = 1   A[0][1] = 2   A[0][2] = 3
A[1] = [4 5 6]
 A[1][0] = 4   A[1][1] = 5   A[1][2] = 6
```

コラム 4.C.1　リストの初期化

リストを要素とするリストを作成するときには，注意が必要である．

次のスクリプト

```
a = [[]] * 3
print('1:a = ', a)
a[1].append (5)
print('2:a = ', a)
```

を実行すると，出力は

```
1:a = [[], [], []]
2:a = [[5], [5], [5]]
```

となる．

　リスト a 内に最初 3 個の空のリスト [ ] が設定されている．この 2 番目の a[1] に 5 を追加したとき，他の空のリストにも 5 が追加されている．これは，最初の 3 個の空のリスト [ ] がすべて同じ空のリストを指し示しているからである．

　最初の 3 個の空のリストがそれぞれ別のものを表すように用意するときは，関数 append を次のように用いればよい．

```
a = []
for i in range(3) :
    a.append([])
print('1:a = ', a)
a[1].append(5)
print('2:a = ', a)
```

上のスクリプトを実行すると出力は以下のようになる．

```
1:a =  [[], [], []]
2:a =  [[], [5], []]
```

2番目のリスト a[1] のみに 5 が挿入されていることがわかる．

4.2 四 則 演 算

加 減 算

行列の加減算は，行数と列数が互いに同じ行列に対して定義され，対応する要素間の加減算で与えられる．例えば，

$$\begin{bmatrix} 10 & 20 \\ 30 & 40 \end{bmatrix} + \begin{bmatrix} 1 & 2 \\ 3 & 4 \end{bmatrix} = \begin{bmatrix} 10+1 & 20+2 \\ 30+3 & 40+4 \end{bmatrix} = \begin{bmatrix} 11 & 22 \\ 33 & 44 \end{bmatrix}$$

$$\begin{bmatrix} 10 & 20 \\ 30 & 40 \end{bmatrix} - \begin{bmatrix} 1 & 2 \\ 3 & 4 \end{bmatrix} = \begin{bmatrix} 10-1 & 20-2 \\ 30-3 & 40-4 \end{bmatrix} = \begin{bmatrix} 9 & 18 \\ 27 & 36 \end{bmatrix}$$

である．一般的には足し算は

$$\begin{bmatrix} a_{11} & a_{12} & \cdots & a_{1n} \\ a_{21} & a_{22} & \cdots & a_{2n} \\ \vdots & \vdots & \ddots & \vdots \\ a_{m1} & a_{m2} & \cdots & a_{mn} \end{bmatrix} + \begin{bmatrix} b_{11} & b_{12} & \cdots & b_{1n} \\ b_{21} & b_{22} & \cdots & b_{2n} \\ \vdots & \vdots & \ddots & \vdots \\ b_{m1} & b_{m2} & \cdots & b_{mn} \end{bmatrix} = \begin{bmatrix} a_{11}+b_{11} & a_{12}+b_{12} & \cdots & a_{1n}+b_{1n} \\ a_{21}+b_{21} & a_{22}+b_{22} & \cdots & a_{2n}+b_{2n} \\ \vdots & \vdots & \ddots & \vdots \\ a_{m1}+b_{m1} & a_{m2}+b_{m2} & \cdots & a_{mn}+b_{mn} \end{bmatrix}$$

である．これは簡単に

$$(a_{ij}) + (b_{ij}) = (a_{ij} + b_{ij})$$

と書くことができる．同様に引き算は

$$(a_{ij}) - (b_{ij}) = (a_{ij} - b_{ij})$$

である.

クラス型 ndarray には演算子 + と - が定義されていて，行列の足し算と引き算に対応している．例を，リスト 4.2.1 に示す．

リスト 4.2.1　行列の加減算

```
import numpy as np
A = np.array([[10, 20],[30,40]])
B = np.array([[1,2],[3,4]])
print('A =')
print(A)
print('B =')
print(B)
Sum = A + B
print('A + B = ')
print(Sum)
Sub = A - B
print('A - B =')
print(Sub)
```

リスト 4.2.2　リスト 4.2.1 の実行結果

```
A =
[[10 20]
 [30 40]]
B =
[[1 2]
 [3 4]]
A + B =
[[11 22]
 [33 44]]
A - B =
[[ 9 18]
 [27 36]]
```

リスト 4.2.1 のスクリプトを実行するとリスト 4.2.2 の結果を得る．加減算が ndarray 型の演算子 + と - によって行われていることが確認できる．

行列の積とベクトル

行列の特別な型として，行数が 1 つのもの，あるいは列数が 1 つのものがある．

行数が1つである$(1, n)$型の行列をn次元の行ベクトル(row vector)あるいは横ベクトルと呼び，列数が1つである$(m, 1)$型の行列をm次元の列ベクトル(column vector)あるいは縦ベクトルと呼ぶ．ベクトルは太字の英小文字で表すことが多い．行列あるいはベクトルに対して，数値はスカラー (scalar) と呼ぶ．$(1, 1)$型の行列は，その唯一の要素の数値と同一視して，数値として扱われることがある．スカラーは，小文字で表されることが多い．

スカラーと行列の積は，行列の各要素をスカラー倍したものである．例えば，

$$10 \times \begin{bmatrix} 1 & 2 \\ 3 & 4 \end{bmatrix} = \begin{bmatrix} 10 \times 1 & 10 \times 2 \\ 10 \times 3 & 10 \times 4 \end{bmatrix} = \begin{bmatrix} 10 & 20 \\ 30 & 40 \end{bmatrix} = \begin{bmatrix} 1 & 2 \\ 3 & 4 \end{bmatrix} \times 10$$

である．一般形は，

$$\alpha(a_{ij}) = (a_{ij})\alpha = (\alpha a_{ij})$$

である．

2つの行列AとBの積ABは，Aの列数とBの行数が同じであるときに定義される．行列Aが(m, n)型であり，行列Bが(n, p)型であるとき，その積ABは(m, p)型で，積ABの(i, j)要素はAの第i行とBの第j列の対応する位置の要素同士の積の和で与えられる．すなわち，$C = AB$とおき，Cの(i, j)成分をc_{ij}とおくとき

$$c_{ij} = a_{i1} b_{1j} + a_{i2} b_{2j} + \cdots + a_{in} b_{nj} = \sum_{s=1}^{n} a_{is} b_{sj}$$

である．例えば，

$$\begin{bmatrix} 1 & 2 \\ 3 & 4 \end{bmatrix} \begin{bmatrix} 5 & 6 & 7 \\ 8 & 9 & 10 \end{bmatrix} = \begin{bmatrix} 1 \times 5 + 2 \times 8 & 1 \times 6 + 2 \times 9 & 1 \times 7 + 2 \times 10 \\ 3 \times 5 + 4 \times 8 & 3 \times 6 + 4 \times 9 & 3 \times 7 + 4 \times 10 \end{bmatrix} = \begin{bmatrix} 21 & 24 & 27 \\ 47 & 54 & 61 \end{bmatrix}$$

である．

同じ次元数の横ベクトルと縦ベクトルの積は$(1, 1)$型の行列であるが，これを数値(スカラー)と見て，内積(inner product)と呼ぶ．横ベクトル同士のときは，積の右側のベクトルの転置行列をとって縦ベクトルとして計算する．縦ベクトル同士のときは，積の左側のベクトルの転置行列をとって横ベクトルとして計算する．例えば，

$$\boldsymbol{a} = \begin{bmatrix} 1 & 2 \end{bmatrix}, \ \boldsymbol{b} = \begin{bmatrix} 3 & 4 \end{bmatrix}, \ \boldsymbol{c} = \begin{bmatrix} 1 \\ 2 \end{bmatrix}, \ \boldsymbol{d} = \begin{bmatrix} 3 \\ 4 \end{bmatrix}$$

のとき，内積は次のようになる．

$$\boldsymbol{ab}' = \boldsymbol{ad} = \boldsymbol{c}'\boldsymbol{d} = 1 \times 3 + 2 \times 4 = 11$$

Pythonにおいてスカラーと行列の積は演算子 * で表されるが，行列と行列の積は，クラス型 ndarray では演算子 @ で表される．上で説明した演算例に対応するスクリプトを，リスト 4.2.3 に用意した．実行結果をリスト 4.2.4 に示す．

リスト 4.2.3　行列の積

```
import numpy as np
a = 10
A = np.array([[1,2],[3,4]])
aA = a * A
Aa = A * a
print('a = ', a)
print('A =\n', A)
print('a * A =\n', aA)
print('A * a =\n', Aa)
B = np.array([[5,6,7],[8,9,10]])
AB = A @ B
print('B =\n', B)
print('A @ B =\n', AB)
c = np.array([[1],[2]])
d = np.array([[3],[4]])
print('c =\n', c)
print('d =\n', d)
ct = c.transpose()
print("c' =\n", ct)
v = ct @ d
print('v = ', v)
print('v[0][0] = ', v[0][0])
```

リスト 4.2.4　リスト 4.2.3 の実行結果

```
a = 10
A =
 [[1 2]
 [3 4]]
a * A =
 [[10 20]
 [30 40]]
A * a =
 [[10 20]
 [30 40]]
B =
 [[ 5  6  7]
 [ 8  9 10]]
```

```
A @ B =
 [[21 24 27]
  [47 54 61]]
c =
 [[1]
  [2]]
d =
 [[3]
  [4]]
c' =
 [[1 2]]
v = [[11]]
v[0][0] = 11
```

リスト4.2.3において，変数cとdは，(2, 1)型行列を表しているが，変数ctで表されているcの転置行列は(1, 2)型行列である．これは，ctの出力が

```
c' =
 [[1 2]]
```

と，角括弧[ ]で2重に囲まれていることからもわかる．変数ctは，行数が1つ，行[1 2]のみからなる行列を表している．行列には，行と列の2つの次元があり，これは角括弧[ ]の階層が2層になっていることに反映されている．行列ctと行列dとの積vは，(1, 1)型の行列である．これは，vの出力が[[11]]と角括弧[ ]で2重に囲まれていることからもわかる．数値を取り出すときは要素を指定してv[0][0]とする必要がある．

逆行列（行列の割り算）

数値の場合の割り算は，逆数を掛けることで定義される．3を2で割るとは，2の逆数0.5を掛けることであり，逆数は右肩に -1 を付けて表される．すなわち，

$$3 \div 2 = 3/2 = 3 \times 2^{-1} = 3 \times 0.5$$

である．

逆数とは，元の数との積が1になるものである．したがって，

$$2 \times 2^{-1} = 2 \times 0.5 = 1$$

が成り立つ．

　行列の場合，数値の1に相当する行列は対角成分が1で，それ以外の成分が0である(n, n)型行列で，単位行列あるいは恒等行列（identity matrix）と呼ばれていて，Iで表される．すなわち，

$$I = \begin{bmatrix} 1 & & 0 \\ & \ddots & \\ 0 & & 1 \end{bmatrix}$$

である．単位行列と他の行列，(n, p)型行列Aあるいは(p, n)型行列Bに対して

$$IA = A, \qquad BI = B$$

が成り立つ．数値の1と同じく，単位行列と他の行列との積は，行列の値が変わらない．

　行列の場合に，逆数に相当するものが逆行列である．逆行列は，行数と列数が同じである行列に対して定義されている．行数と列数が同じである(n, n)型行列を正方行列と呼ぶ．正方行列Aに対して次式

$$AX = XA = I$$

が成り立つ(n, n)型行列XをAの逆行列と呼び，A^{-1}で表す．

$$A^{-1} = X$$

である．

　例えば，行列

$$A = \begin{bmatrix} 1 & 2 \\ 2 & 1 \end{bmatrix}$$

に対して

$$X = \begin{bmatrix} -1/3 & 2/3 \\ 2/3 & -1/3 \end{bmatrix}$$

とおけば，

$$AX = XA = I = \begin{bmatrix} 1 & 0 \\ 0 & 1 \end{bmatrix}$$

が成り立つ．したがって，

$$\begin{bmatrix} 1 & 2 \\ 2 & 1 \end{bmatrix}^{-1} = \begin{bmatrix} -1/3 & 2/3 \\ 2/3 & -1/3 \end{bmatrix}$$

である．

逆行列は常に存在するとは限らない．例えば，次の行列

$$\begin{bmatrix} 1 & 2 \\ 1 & 2 \end{bmatrix}$$

に対して逆行列を求めるために

$$\begin{bmatrix} 1 & 2 \\ 1 & 2 \end{bmatrix} \begin{bmatrix} a & b \\ c & d \end{bmatrix} = \begin{bmatrix} 1 & 0 \\ 0 & 1 \end{bmatrix}$$

とおくと，

$$\begin{bmatrix} a+2c & b+2d \\ a+2c & b+2d \end{bmatrix} = \begin{bmatrix} 1 & 0 \\ 0 & 1 \end{bmatrix}$$

となる．2つの方程式

$$a+2c=1 \quad \text{と} \quad a+2c=0$$

を同時に満たす a と c は存在しない．よって，この場合，逆行列は存在しない．

逆行列の存在する行列を正則行列（regular matrix）と呼び，逆行列の存在しない正方行列は非正則行列（singular matrix）と呼ぶ．階数（rank；後述）が行列の行数（列数）に等しい正方行列は正則行列であり，階数が行数より小さい正方行列は非正則行列である．

逆行列は，関数 numpy.linalg.inv によって求めることができる．すなわち，

numpy.linalg.inv（行列）

の実行により，逆行列が関数の戻り値として得られる．スクリプト例をリスト4.2.5に，実行結果をリスト4.2.6に示す．

リスト 4.2.5　逆行列の計算

```
import numpy as np
try:
    A = np.array([[1,2],[2,1]])
    X = np.linalg.inv(A)
    AX = A @ X
    XA = X @ A
    print('A =¥n', A)
```

```
    print('X =¥n', X)
    print('XA =¥n', XA)
    print('AX =¥n', AX)
    B = np.array([[1,2],[1,2]])
    Y = np.linalg.inv(B)
except Exception as e:
    print("Exception...", e)
```

リスト 4.2.6　リスト 4.2.5 の実行結果

```
A =
[[1 2]
 [2 1]]
X =
[[-0.33333333  0.66666667]
 [ 0.66666667 -0.33333333]]
XA =
[[1. 0.]
 [0. 1.]]
AX =
[[1. 0.]
 [0. 1.]]
Exception... Singular matrix
```

変数 A の表す行列

$$\begin{bmatrix} 1 & 2 \\ 2 & 1 \end{bmatrix}$$

の逆行列がスクリプト

```
X = np.linalg.inv(A)
```

によって変数 X によって表され，関数 print によって値が出力されている．

逆行列の条件が満たされていることを確認するため次のスクリプト

```
AX = A @ X
XA = X @ A
```

によって行列と逆行列の積が求められ，それらの積が単位行列 I であることが関数 print の出力により確認されている．

逆行列の存在しない行列，例えば，

$$\begin{bmatrix} 1 & 2 \\ 1 & 2 \end{bmatrix}$$

の場合は，関数 numpy.linalg.inv を実行すると「行列が非正則行列である」という例外が生成される．

4.3 トレース・階数・ノルム

トレース

(n, n) 型の正方行列の主対角要素の和を，トレース (trace) と呼ぶ．正方行列

$$A = \begin{bmatrix} a_{11} & \cdots & a_{1n} \\ \vdots & \ddots & \vdots \\ a_{n1} & \cdots & a_{nn} \end{bmatrix}$$

において，$a_{11}, a_{22}, \cdots, a_{nn}$ が主対角要素 (diagonal element) であり，トレースは $tr(A)$ で表され，

$$tr(A) = \sum_{i=1}^{n} a_{ii}$$

である．

トレースについて次式が成り立つ．

$$tr(A + B) = tr(A) + tr(B)$$
$$tr(AB) = tr(BA)$$

トレースを求める関数 trace が，ライブラリ numpy に用意されている．リスト 4.3.1 にトレースを求めるスクリプト例を示す．

リスト 4.3.1 トレースの計算

```
import numpy as np

A = np.array([[1,2],[3,4]])
print('A =¥n', A)
print('trace of A = ', np.trace(A))
```

次のトレース

$$tr(A) = tr\left(\begin{bmatrix} 1 & 2 \\ 3 & 4 \end{bmatrix}\right) = 1 + 4 = 5$$

を求めるものである．実行結果は

```
A =
 [[1 2]
  [3 4]]
trace of A =  5
```

となる．

階　数

　行列の階数は，行列の行ベクトルあるいは列ベクトルの組において，独立なベクトルの個数である．まず，ベクトルの独立について説明する．

　行数が1つの行列が行ベクトル（横ベクトル），列数が1つの行列が列ベクトル（縦ベクトル）である．行ベクトルあるいは列ベクトルをまとめて簡単にベクトルと呼ぶ．行列の要素は，行番号と列番号を添え字として a_{ij} というように表される．ベクトルの場合は，各要素は，列番号あるいは行番号のみで表される．例えば，

$$\boldsymbol{a} = (a_1 \quad a_2 \quad a_3)$$

という具合である．ベクトルは小文字の太字で表され，各要素は対応する英字に行ベクトルであれば列番号を添え字として付ける．ベクトルの要素の個数は，次元と呼ぶ．ベクトル $\boldsymbol{a} = (a_1 \quad a_2 \quad a_3)$ は，3次元ベクトルである．

　ベクトルは，各要素の値を矢印の根元から先端までの座標値の変化量とする空間における矢印（向きと大きさのある量）として表されることがある．この場合，ベクトルの要素が縦に並んでいる（縦ベクトル）か，横に並んでいる（横ベクトル）かの区別はなく，いずれの場合も空間における矢印の各座標方向の大きさがベクトルの各要素の値に対応している．

　図4.3.1には2本の矢印 $\boldsymbol{a} = (2 \quad 1)$ と $\boldsymbol{b} = (2 \quad 1)$ が描かれているが，この2本は向き（右上方向）と大きさ（矢印の長さ $\sqrt{2^2 + 1^2}$ ）が同じなので，ベクトルとしては同じである．

　ベクトルの足し算は，矢印を継ぎ足す操作に対応している．図4.3.2はベクトルの足し算（すなわち，行列の足し算）

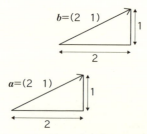

図 4.3.1　行ベクトル(2　1)を表す 2 本の矢印 a と b

$$(2\ \ 1) + (1\ \ 2) = (2+1\ \ 1+2) = (3\ \ 3)$$

を表している.

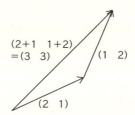

図 4.3.2　ベクトルの足し算と矢印の継足し

ベクトルの引き算は行列の引き算であるが,これは逆向きのベクトルを足すことである.

$$(2\ \ 1) - (1\ \ 2) = (2\ \ 1) + \{-(1\ \ 2)\} = (2\ \ 1) + (-1\ \ -2)$$
$$= (2-1\ \ 1-2) = (1\ \ -1)$$

いくつかのベクトルの組,$a_1, \cdots, a_p$,があったとき,それらにスカラー,$\alpha_1, \cdots, \alpha_p$,を掛けたものの和

$$\alpha_1 a_1 + \cdots + \alpha_p a_p$$

を $a_1, \cdots, a_p$ の線形結合(linear combination)あるいは 1 次結合と呼ぶ.

ベクトルの組,$a_1, \cdots, a_p$,において,その中の 1 つが他の線形結合として表されるとき,線形従属(linearly dependent)あるいは 1 次従属と言う.例えば,ベクトルの組

$$\boldsymbol{a}_1 = (1\ \ 0), \quad \boldsymbol{a}_2 = (0\ \ 1), \quad \boldsymbol{a}_3 = (2\ \ 3)$$

において，$\boldsymbol{a}_3$ は他のベクトルの線形結合として以下のように表される．

$$\boldsymbol{a}_3 = (2\ \ 3) = 2 \times (1\ \ 0) + 3 \times (0\ \ 1) = 2\boldsymbol{a}_1 + 3\boldsymbol{a}_2$$

したがって，ベクトル $\boldsymbol{a}_1$, $\boldsymbol{a}_2$, $\boldsymbol{a}_3$ は線形従属である．

　線形従属ではないベクトル $\boldsymbol{a}_1, \cdots, \boldsymbol{a}_p$ は線形独立(linearly independent)あるいは1次独立であると言う．線形独立なベクトルに対しては，次式(4.3.1)を満たす係数の組，$\alpha_1, \cdots, \alpha_p$ は，すべてが0の場合に限る．

$$\alpha_1 \boldsymbol{a}_1 + \cdots + \alpha_p \boldsymbol{a}_p = \boldsymbol{0} \tag{4.3.1}$$

ここで，$\boldsymbol{0}$ はすべての要素が0である零ベクトルを表す．

　式(4.3.1)が，ある係数，例えば α_1 が0でない組合せに対して成り立てば，線形従属である．このとき，次式

$$\boldsymbol{a}_1 = \left(-\frac{\alpha_2}{\alpha_1}\right)\boldsymbol{a}_2 + \cdots + \left(-\frac{\alpha_p}{\alpha_1}\right)\boldsymbol{a}_p$$

が成り立っている．

　ベクトル $\boldsymbol{a}_1 = (1\ \ 0)$ と $\boldsymbol{a}_2 = (0\ \ 1)$ の場合，

$$\alpha_1 \boldsymbol{a}_1 + \alpha_2 \boldsymbol{a}_2 = \boldsymbol{0}$$

とおくと，

$$(\alpha_1\ \ \alpha_2) = (0\ \ 0)$$

であるので，

$$\alpha_1 = \alpha_2 = 0$$

となる．すなわち，式(4.3.1)を満たす係数 α_1 と α_2 は，0に限る．ベクトル $\boldsymbol{a}_1$ と $\boldsymbol{a}_2$ は独立である．

　行列は，(m, n) 型であれば，m 個の n 次元行ベクトルから構成されている，あるいは n 個の m 次元列ベクトルから構成されていると見ることができる．このとき，m 個の行ベクトルから選べる独立な行ベクトルの最大個数と，n 個の列ベクトルから選べる独立な列ベクトルの最大個数が等しいという性質がある．この等しい独立なベクトルの個数を，行列の階数あるいはランク(rank)と呼ぶ．行列の階数を

で表す.

行列

$$A = \begin{bmatrix} a_1 \\ a_2 \\ a_3 \end{bmatrix} = \begin{bmatrix} 1 & 0 \\ 0 & 1 \\ 2 & 3 \end{bmatrix}$$

の階数は，独立なベクトルの最大個数は，例えば a_1 と a_2 の 2 個なので，

$$\mathrm{rank}\, A = 2$$

となる．

階数は，関数 numpy.linalg.matrix_rank で求めることができる．リスト 4.3.2 に関数の使用例を示す．

リスト 4.3.2　階数を求めるスクリプト例

```
import numpy as np

A = np.array([[1, 0],[0, 1],[2, 3]])
rk = np.linalg.matrix_rank(A)
print('A =\n', A)
print('rank(A) = ', rk)
```

実行結果は，以下のようになる．

```
A =
 [[1 0]
 [0 1]
 [2 3]]
rank(A) =  2
```

行列 A の階数が求められていることが確認できる．

ノ ル ム

ベクトルあるいは行列の要素の 2 乗和の平方根をノルム (norm) と呼び，‖　‖で表す．

$$\boldsymbol{a} = \begin{pmatrix} a_1 & \cdots & a_m \end{pmatrix}$$

のとき

$$\|\boldsymbol{a}\| = \left(\sum_{i=1}^{n} a_i^2\right)^{1/2}$$

であり，

$$A = \begin{bmatrix} a_{11} & \cdots & a_{1n} \\ \vdots & \ddots & \vdots \\ a_{m1} & \cdots & a_{mn} \end{bmatrix}$$

のときは

$$\|A\| = \left(\sum_{i=1}^{m}\sum_{j=1}^{n} a_{ij}^2\right)^{1/2}$$

である．
　例えば，

$$\|\begin{matrix} 1 & 2 & 3 \end{matrix}\| = \sqrt{1^2 + 2^2 + 3^2} = \sqrt{14} \approx 3.742$$

$$\left\|\begin{bmatrix} 1 & 2 \\ 2 & 1 \end{bmatrix}\right\| = \sqrt{1^2 + 2^2 + 2^2 + 1^2} = \sqrt{10} \approx 3.162$$

である．
　要素の2乗和の平方根であるので，ベクトルを空間での矢印で表したとき，ノルムは矢印の長さである．また，要素の2乗和であるので，自分自身との内積の平方根である．すなわち，ベクトル $\boldsymbol{a} = \begin{pmatrix} a_1 & \cdots & a_m \end{pmatrix}$ に対して，

$$\|\boldsymbol{a}\| = \sqrt{a_1^2 + \cdots + a_m^2} = \sqrt{\boldsymbol{aa}'}$$

である．
　行列の場合は，要素の2乗和の平方根は，自身の転置行列との積のトレースの平方根である．すなわち，行列

$$A = \begin{bmatrix} a_{11} & \cdots & a_{1n} \\ \vdots & \ddots & \vdots \\ a_{m1} & \cdots & a_{mn} \end{bmatrix}$$

に対して，

$$\|A\| = \sqrt{(tr(A'A)} = \sqrt{(tr(AA')}$$

である．上式は，例えば

$$A'A \text{ の } (i, i) \text{ 要素} = \sum_{j=1}^{m} a_{ji} \, a_{ji} = \sum_{j=1}^{m} a_{ji}^2$$

$$tr(A'A) = \sum_{i=1}^{n} A'A \text{ の } (i, i) \text{ 要素} = \sum_{i=1}^{n} \sum_{j=1}^{m} a_{ji}^2$$

からわかる．

リスト 4.3.3 のスクリプトでは，ベクトルと行列のノルムが関数 numpy.linalg.norm によって求められている．

リスト 4.3.3　ノルムの計算

```
import numpy as np

a = np.array([1, 2, 3])
A = np.array([[1, 2, 3]])
print('a = ', a)
print('norm = ', np.linalg.norm(a))
print('A = ', A)
print('norm = ', np.linalg.norm(A))
normAA = (A @ A.transpose())[0][0] ** 0.5
print('normAA = ', normAA)
B = np.array([[1, 2], [2, 1]])
print('B =\n', B)
normB = np.linalg.norm(B)
print('normB = ', normB)
```

(1, 3) 型の行列 A については，ノルムを自身の転置行列 A' との積 AA' の要素の平方根による計算も行っている．

```
normAA = (A @ A.transpose())[0][0] ** 0.5
```

スクリプトの実行結果は，リスト 4.3.4 に示すとおりである．

リスト 4.3.4　リスト 4.3.3 の実行結果

```
a =  [1 2 3]
norm =  3.7416573867739413
A =  [[1 2 3]]
norm =  3.7416573867739413
normAA =  3.7416573867739413
B =
```

```
[[1 2]
 [2 1]]
normB = 3.1622776601683795
```

ベクトルのなす角

2つの横ベクトル a と b のなす角を θ とおいたとき，次式

$$\|a\|\|b\|\cos\theta = ab'$$

が成り立つ（図 4.3.3）．

縦ベクトルのときは

$$\|a\|\|b\|\cos\theta = a'b$$

である．

例えば，図 4.3.4 のベクトルの場合，2つのベクトル

$$a = (1\ \ 0) \quad と \quad b = (0\ \ 1)$$

の内積は

$$ab' = 0$$

であり，そのなす角は

$$\theta = \cos^{-1}\frac{(1\ \ 0)(0\ \ 1)'}{\|(1\ \ 0)\|\|(0\ \ 1)\|} = \cos^{-1}0 = 90°$$

である．

図 4.3.3 ベクトル a と b のなす角 θ．

一般に，内積が 0 であるベクトルは直交している（ベクトルのなす角が 90° である）．ベクトル a と b が直交しているとき，

$$a \perp b$$

と書く．

次の2つのベクトル

$$a = (1\ \ 0) \quad と \quad c = (1\ \ 1)$$

の場合は，

図 4.3.4 直交するベクトル a と b，およびなす角が 45° のベクトル a と c

$$\theta = \cos^{-1}\frac{(1\ 0)(1\ 1)'}{\|(1\ 0)\|\|(1\ 1)\|} = \cos^{-1}\frac{1}{\sqrt{1}\sqrt{2}} = \cos^{-1}\frac{1}{\sqrt{2}} = 45°$$

となる．

上のベクトル $a = (1\ 0)$ と $b = (0\ 1)$，および $a = (1\ 0)$ と $c = (1\ 1)$ の場合のベクトルのなす角を求めるスクリプトを，リスト 4.3.5 に示す．

リスト 4.3.5 ベクトルのなす角の計算

```
import numpy as np
import math

a = np.array([[1, 0]])
b = np.array([[0, 1]])
print('a =\n', a)
print('b =\n', b)
theta = math.acos((a @ b.transpose())[0][0] /\
        (np.linalg.norm(a) * np.linalg.norm(b))) *\
        180 / math.pi
print('theta = ', theta)

c = np.array([[1, 1]])
print('c = \n', c)
theta = math.acos((a @ c.transpose())[0][0] /\
        (np.linalg.norm(a) * np.linalg.norm(c))) *\
        180 / math.pi
print('theta = ', theta)
```

角度を求める関数 $\cos^{-1}$ は math.acos を用いているが，戻り値の単位はラジアンであるので，$180/\pi$ を掛けて単位を度に変換している．リスト 4.3.5 を実行するとリスト 4.3.6 に示す結果を得る．実数型の精度で結果が得られている．

リスト 4.3.6 リスト 4.3.5 の実行結果

```
a =
 [[1 0]]
b =
 [[0 1]]
theta =  90.0
c =
 [[1 1]]
theta =  45.00000000000001
```

4.4 固有値と固有ベクトル

行列 A とベクトル $\boldsymbol{u}$ および数値(スカラー) λ が次式

$$A\boldsymbol{u} = \lambda \boldsymbol{u}$$

を満たすとき,数値 λ を行列 A の固有値(eigenvalue, characteristic value)と呼び,ベクトル $\boldsymbol{u}$ を固有値 λ に対する固有ベクトル(eigenvector, characteristic vector)と呼ぶ.行列 A が (n, n) 型行列でその要素がすべて実数であり,転置行列が自分自身に等しいとき,すなわち

$$a_{ij} = a_{ji}$$

であるとき,n 次実対称行列と呼ぶ.相関行列あるいは分散共分散行列が実対称行列である.n 次実対称行列は,n 個の実数である固有値と固有ベクトルをもち,固有ベクトルは互いに直交する.n 個の固有値を,$\lambda_1, \cdots, \lambda_n$ と書き,固有値 λ_i に対する固有ベクトルを長さが1であるように調整したものを $\boldsymbol{u}_i$ とおくと,次式(4.4.1)が成り立つ.

$$A = \lambda_1 \boldsymbol{u}_1 \boldsymbol{u}_1' + \cdots + \lambda_n \boldsymbol{u}_n \boldsymbol{u}_n' \tag{4.4.1}$$

ここで,

$$\boldsymbol{u}_i' \boldsymbol{u}_j = \begin{cases} 1 & i=j \text{ のとき} \\ 0 & i \neq j \text{ のとき} \end{cases} \tag{4.4.2}$$

である.

いま,

$$U = [\boldsymbol{u}_1 \; \cdots \; \boldsymbol{u}_n], \quad \Lambda = \begin{bmatrix} \lambda_1 & & 0 \\ & \ddots & \\ 0 & & \lambda_n \end{bmatrix}$$

とおくと,式(4.4.1)は

$$A = U \Lambda U' \tag{4.4.3}$$

と書ける.ここで,式(4.4.2)は

$$U'U = I \tag{4.4.4}$$

と書ける.I は n 次単位行列である.式(4.4.4)より

$$U^{-1} = U' \tag{4.4.5}$$

となり，したがって，

$$UU' = UU^{-1} = I \tag{4.4.6}$$

が成り立つ．式(4.4.5)を満たす行列を直交行列(orthogonal matrix)と呼ぶ．

式(4.4.1)あるいはその行列表記である式(4.4.3)を，固有分解(characteristic decomposition)あるいはスペクトル分解(spectral decomposition)と呼ぶ．

行列 A のノルムの2乗は，

$$\|A\|^2 = tr(AA') = tr(U\Lambda U'(U\Lambda U')) = tr(\Lambda^2) = \sum_{i=1}^{n} \lambda_i^2$$

で与えられる．

行列 A を固有分解(4.4.1)のいくつかの項で近似したときの誤差は，行列 A と近似式との差の行列のノルムの2乗として，以下のように与えられる．

$$\left\| A - \sum_{i=1}^{t} \lambda_i u_i u_i' \right\|^2 = \sum_{i=t+1}^{n} \lambda_i^2 \tag{4.4.7}$$

行列 $\sum_{i=1}^{t} \lambda_i u_i u_i'$ の階数は t であるので，行列 A を低次の階数，例えば t の行列で近似するときは，固有値の大きいものから t 組の固有値と固有ベクトルを選んで近似すればよい．

固有値と固有ベクトルを求める関数として numpy.linalg.eigh などがある．例えば，対称行列 A に対してスクリプト

```
w, v = numpy.linalg.eigh(A)
```

を実行すると，wに固有値，vに固有ベクトルが返される．このとき，配列wには，固有値が小さいものから順に並べられていて，行列vには固有値の並びに対応する順に固有ベクトルが列ベクトルとして並べられている．これを，固有値の大きいものからの順に並べ直し，対応して並べ直した固有ベクトルは行ベクトルとして返すようにラッパーをかけたものを用意した．式(4.4.7)から，固有値の大きいものが先にある方が，近似の精度の観点からは使いやすいと思われる．また，固有ベクトルも，行ベクトルとして用意されている方が，取り出しやすい．このための関数 eigen_sym を，リスト 4.4.1 に示す．ファイル名は eigen4me.py である．

リスト 4.4.1 　固有値と固有ベクトルを求める関数．関数 numpy.linalg.eigh を利用して，ファイル eigen4me.py に宣言した

```python
import numpy as np
import math

def eigen_sym(A):
    """
        Re-arranged results from numpy.linalg.eigh
        The eigen values and vectors are re-ordered
        according to descending order of absolute values
        of eigen values
        Returned values:
            w : eigen values
            vrow : eigen vectors, each vector as a row vector

    """
    p = A.shape[0]
    w = None
    vrow = None
    if p == 1:
        w = np.full((1,),A[0][0])
        vrow = np.full((1,1), 1)
    else:
        w, v = np.linalg.eigh(A)
        vtp = v.transpose()
        w_vtp = []
        for i in range(p):
            w_vtp.append([w[i], vtp[i]])
        #
        #   Arranging according to
        #   absolute values of eigen values
        #
        w_vtp.sort(key = lambda x: -math.fabs(x[0]))
        w = []
        vrow = []
        for x in w_vtp:
            w.append(x[0])
            vrow.append(x[1])
        #
        #   Transforming List arrays to ndarrays
        #
        w = np.array(w)
        vrow = np.array(vrow)

    return w, vrow
```

関数 eigen_sym では，まず関数 numpy.linalg.eigh を

```
w, v = numpy.linalg.eigh(A)
```

と実行して，w に固有値，v に固有ベクトルを得ている．行列 v には固有ベクトルが列ベクトルとして設定されているので，この転置行列を vtp に求めて行ベクトルとして取り出せるようにした後，固有値と固有ベクトルの組を要素とするリスト w_vtp を作成している．このリストを，次のスクリプト

```
w_vtp.sort(key = lambda x: -math.fabs(x[0]))
```

で固有値の絶対値の大きいものから小さいものの順に並べ直している．

並べ直した後，固有値は配列 w に，固有ベクトルは行列 vrow に行ベクトルの形で設定して，それらを ndarray 型に次のスクリプト

```
w = np.array(w)
vrow = np.array(vrow)
```

で変換した後，関数の戻り値としている．

関数 eigen_sym の使用例を，リスト 4.4.2 に示す．

リスト 4.4.2　リスト 4.4.1 の関数 eigen_sym の使用例

```
import numpy as np
from eigen4me import eigen_sym

u1 = np.array([[1, 1, 1, 1]])
w1 = -1.0
u2 = np.array([[1, 1, -1, -1]])
w2 = 0.5
u3 = np.array([[1, -1, 1, -1]])
w3 = 2.0
A = w1 * u1.transpose() @ u1 + w2 * u2.transpose() @ u2 +¥
        w3 * u3.transpose() @ u3
print(A)

w, vrow = eigen_sym(A)
print('w.shape = ', w.shape)
print('vrow.shape = ', vrow.shape)

p = A.shape[0]
```

```
for i in range(p):
    print('w = ', w[i])
    print('vrow = ', vrow[i])

B = np.full((p, p), 0.0)
for i in range(p):
    trow = np.array([vrow[i]])   #  Change shape from (p,) to (1, p)
    B += w[i] * trow.transpose() @ trow
print('B =\n', B)

D = np.diag(w)
print('D =\n', D)
ReA = vrow.transpose() @ D @ vrow
print('ReA =\n', ReA)
```

まず，固有分解(4.4.1)風に行列 A を生成している．この A に対して固有分解を関数 eigen_sym を使った次のスクリプトで行い，固有値と固有ベクトルを w と vrow に得ている．

```
w, vrow = eigen_sym(A)
```

得られた固有値と固有ベクトルが行列 A に対するものであることを確認するために，まず固有分解の式(4.4.1)に対応したスクリプト

```
B = np.full((p, p), 0.0)
for i in range(p):
    trow = np.array([vrow[i]])
    B += w[i] * trow.transpose() @ trow
print('B =\n', B)
```

を実行している．行ベクトル vrow[i] が $(1, p)$ 型行列に変換されて trow で表され，行列の積の演算子 @ が用いられるようにしている．作成された行列 B の値は，関数 print によって表示される．

続いて，次のスクリプトは固有分解の式(4.4.3)による確認である．

```
D = np.diag(w)
print('D =\n', D)
ReA = vrow.transpose() @ D @ vrow
print('ReA =\n', ReA)
```

関数 numpy.diag によって w の要素を対角要素とする対角行列（対角要素以外は 0 である行列）が生成される．また，vrow は固有ベクトルが行ベクトルとして設定されているので，転置行列をとると式(4.4.3)における行列 U になる．式(4.4.3)によって作成された行列 ReA は関数 print によって表示される．

リスト 4.4.2 のスクリプトの実行結果を，リスト 4.4.3 に示す．

リスト 4.4.3　リスト 4.4.2 の実行結果

```
[[ 1.5 -2.5  0.5 -3.5]
 [-2.5  1.5 -3.5  0.5]
 [ 0.5 -3.5  1.5 -2.5]
 [-3.5  0.5 -2.5  1.5]]
w.shape =  (4,)
vrow.shape =  (4, 4)
w =  8.0
vrow =  [-0.5  0.5 -0.5  0.5]
w =  -4.0
vrow =  [-0.5 -0.5 -0.5 -0.5]
w =  2.0000000000000001
vrow =  [-0.5 -0.5  0.5  0.5]
w =  -1.2511631413972606e-15
vrow =  [ 0.5 -0.5 -0.5  0.5]
B =
[[ 1.5 -2.5  0.5 -3.5]
 [-2.5  1.5 -3.5  0.5]
 [ 0.5 -3.5  1.5 -2.5]
 [-3.5  0.5 -2.5  1.5]]
D =
[[ 8.00000000e+00  0.00000000e+00  0.00000000e+00  0.00000000e+00]
 [ 0.00000000e+00 -4.00000000e+00  0.00000000e+00  0.00000000e+00]
 [ 0.00000000e+00  0.00000000e+00  2.00000000e+00  0.00000000e+00]
 [ 0.00000000e+00  0.00000000e+00  0.00000000e+00 -1.25116314e-15]]
ReA =
[[ 1.5 -2.5  0.5 -3.5]
 [-2.5  1.5 -3.5  0.5]
 [ 0.5 -3.5  1.5 -2.5]
 [-3.5  0.5 -2.5  1.5]]
```

固有値と固有ベクトルが固有値の絶対値の大きいものから小さいものの順に並んでいることがわかる．4番目の固有値が

```
w =  -1.2511631413972606e-15
```

と表示されているが，これは実数の計算精度内で0であることを表すものである．

固有分解の式(4.4.1)および(4.4.3)の右辺によって計算された行列が左辺の行列Aに一致していることが確認できる．

4.5 特異値と特異ベクトル

(m, n)型行列 A に対して，次式

$$A\boldsymbol{v} = \mu \boldsymbol{u}, \quad \boldsymbol{u}'A = \mu \boldsymbol{v}'$$

を満たす正数 μ，m 次元列ベクトル $\boldsymbol{u}$，n 次元列ベクトル $\boldsymbol{v}$ がとれる．μ を特異値(singular value)，$\boldsymbol{u}$ を左特異ベクトル(left singular vector)，$\boldsymbol{v}$ を右特異ベクトル(right singular vector)と呼ぶ．

いま，行列 A の階数が r であるとする．このとき，行列 A は r 個の特異値をもち，特異ベクトルのノルムが1であるものを選ぶと，次式が成り立つ．

$$A = \mu_1 \boldsymbol{u}_1 \boldsymbol{v}_1' + \cdots + \mu_r \boldsymbol{u}_r \boldsymbol{v}_r' \tag{4.5.1}$$

いま，

$$U = [\boldsymbol{u}_1 \ \cdots \ \boldsymbol{u}_r], \quad \Delta = \begin{bmatrix} \mu_1 & & 0 \\ & \ddots & \\ 0 & & \mu_r \end{bmatrix}, \quad V = [\boldsymbol{v}_1 \ \cdots \ \boldsymbol{v}_r]$$

とおくと，式(4.5.1)は次式(4.5.2)の形に書ける．

$$A = U \Delta V' \tag{4.5.2}$$

ここで，

$$\boldsymbol{u}_i' \boldsymbol{u}_j = \begin{cases} 1 & i = j \text{ のとき} \\ 0 & i \neq j \text{ のとき} \end{cases} \tag{4.5.3}$$

$$\boldsymbol{v}_i' \boldsymbol{v}_j = \begin{cases} 1 & i = j \text{ のとき} \\ 0 & i \neq j \text{ のとき} \end{cases} \tag{4.5.4}$$

であるので，

$$U'U = I, \quad V'V = I$$

が成り立つ．式(4.5.1)あるいは式(4.5.2)を特異値分解(singular value

decomposition : SVD)と呼ぶ.

行列 A のノルムの2乗は次式で与えられる.

$$\|A\|^2 = tr(A'A) = tr(\Delta^2) = \sum_{i=1}^{r} \mu_i^2$$

行列 A を特異値分解(4.5.1)の右辺の t 個の項で近似したときの誤差を,誤差のノルムの2乗和で表すと,次式となる.

$$\left\|A - \sum_{i=1}^{t} \mu_i \boldsymbol{u}_i \boldsymbol{v}_i'\right\|^2 = \left\|\sum_{i=t+1}^{r} \mu_i \boldsymbol{u}_i \boldsymbol{v}_i'\right\|^2 = \sum_{i=t+1}^{r} \mu_i^2$$

いま,

$$B = V\Delta^{-1}U' \tag{4.5.5}$$

とおく.このとき,次式(4.5.6)が成り立つ.

$$ABA = A \tag{4.5.6}$$

行列 A に対して式(4.5.6)を満たす行列 B を,A の一般逆行列(generalized inverse,あるいは g inverse)と呼び,A^- で表す.式(4.5.5)で与えられる行列 B は,A の一般逆行列である.すなわち,

$$A^- = V\Delta^{-1}U'$$

である.

式(4.5.5)で与えられる行列 B は,さらに次の3つの条件を満たす.

$$BAB = B \tag{4.5.7}$$
$$(AB)' = AB \tag{4.5.8}$$
$$(BA)' = BA \tag{4.5.9}$$

4つの条件式(4.5.6)から(4.5.9)を満たす行列 B を,ムーア・ペンローズ逆行列(Moore-Penrose inverse)と呼び,A^+ で表す.すなわち,

$$A^+ = V\Delta^{-1}U' \tag{4.5.10}$$

である.

逆行列が存在する場合は,逆行列は一般逆行列であり,ムーア・ペンローズ逆行列である.

特異値分解は，関数 numpy.linalg.svd によって求めることができる．この関数を

```
u, s, vh = np.linalg.svd(A)
```

と実行すれば，u に左特異ベクトル，s に特異値，vh に右特異ベクトルが返される．左特異ベクトルは u に列ベクトルとして設定されているが，これは行ベクトルとした方が 1 つ 1 つを取り出すときに便利である．特異値は 0 も含めて s に設定されるが，0 でない固有値の数と，特異値は 0 でないものだけを返す方が，利用しやすい．これらのことを考えて，関数 svd の結果を少し変えた関数 svd_w を用意した（リスト 4.5.1）．

リスト 4.5.1 　特異値分解の関数 svd_w（numpy.linalg.svd のラッパー）．モジュールファイル svd4me.py に宣言されている

```
import numpy as np

def svd_w(A):
    """
    Return r,   urow, s, vrow
        r:    Rank of A
        urow: Left singular vectors as row vectors
        s:    Singular value in descending order
        vrow: Right singular vectors as row vectors
    """
    u, s, vh = np.linalg.svd(A, full_matrices = False)
    r = np.linalg.matrix_rank(np.diag(s))
    M, N = A.shape
    urow = None
    vrow = None
    if np.linalg.matrix_rank(np.diag(s)) == 0:
        s = np.array([0])
        urow = np.full((1, M), 0.0)
        vrow = np.full((1, N), 0.0)
    else:
        u_tp = u.transpose()
        urow = []
        vrow = []
        s_temp = []
        for i in range(r):
            s_temp.append(s[i])
            urow.append(u_tp[i])
```

```
            vrow.append(vh[i])
        s = np.array(s_temp)
        urow = np.array(urow)
        vrow = np.array(vrow)

    return r, urow, s, vrow
```

行列 A に対して次のスクリプト

```
r, urow, s, vrow = svd_w(A)
```

を実行すると，r に 0 でない特異値の数，urow に左特異ベクトルを行ベクトルとして表したものを s に設定された特異値に対応する順番に並べたもの，s には特異値を大きさの降順に並べたもの，vrow には右特異ベクトルを行ベクトルとして s に設定された特異値に対応する順番に並べたものが返される．

関数 svd_w を用いた例を，リスト 4.5.2 に示す．

リスト 4.5.2　関数 svd_w の使用例

```
import numpy as np
from svd4me import svd_w

u1 = np.array([[1, 1, 1, 1]]).transpose()
u2 = np.array([[1, 1, -1, -1]]).transpose()
mu1 = 3.0
mu2 = 2.0
v1 = np.array([[1, 1, -1]])
v2 = np.array([[1, 0, 1]])
A = mu1 * u1 @ v1 + mu2 * u2 @ v2
print('A =\n', A)

r, urow, s, vrow = svd_w(A)
print('r = ', r)
print('urow = \n', urow)
print('s = \n', s)
print('vrow = \n', vrow)

m, n = A.shape
ckA = np.full((m, n), 0.0)
for i in range(r):
    ckA += s[i] * np.array([urow[i]]).transpose() @ \
                 np.array([vrow[i]])
print('ckA =\n', ckA)
```

```
ckA = urow.transpose() @ np.diag(s) @ vrow
print('ckA =\n', ckA)

B = vrow.transpose() @ np.linalg.inv(np.diag(s)) @ urow
print('B (g inverse of A) = \n', B)
ABA = A @ B @ A
print('ABA =\n', ABA)
```

　階数 2 の (4, 3) 型行列 A が作成され，svd_w によって特異値分解が求められている．求めた特異値と特異ベクトルに対して，特異値分解の式 (4.5.1) および式 (4.5.2) に基づいて元の行列 A の再構成が行われ，正しく特異値分解が行われていることを確認している．

　最後に，ムーア・ペンロース逆行列 A^+ を式 (4.5.10) によって求め，一般逆行列の条件 (4.5.6) が満たされていることを確認している．

　リスト 4.5.2 のスクリプトの実行結果を，リスト 4.5.3 に示す．

リスト 4.5.3　リスト 4.5.2 の実行結果

```
A =
[[ 5.  3. -1.]
 [ 5.  3. -1.]
 [ 1.  3. -5.]
 [ 1.  3. -5.]]
r = 2
urow =
[[-0.5 -0.5 -0.5 -0.5]
 [-0.5 -0.5  0.5  0.5]]
s =
[10.39230485  5.65685425]
vrow =
[[-5.77350269e-01 -5.77350269e-01  5.77350269e-01]
 [-7.07106781e-01 -2.22044605e-16 -7.07106781e-01]]
ckA =
[[ 5.  3. -1.]
 [ 5.  3. -1.]
 [ 1.  3. -5.]
 [ 1.  3. -5.]]
ckA =
[[ 5.  3. -1.]
 [ 5.  3. -1.]
 [ 1.  3. -5.]
 [ 1.  3. -5.]]
```

```
B(g inverse of A) =
[[ 0.09027778  0.09027778 -0.03472222 -0.03472222]
 [ 0.02777778  0.02777778  0.02777778  0.02777778]
 [ 0.03472222  0.03472222 -0.09027778 -0.09027778]]
ABA =
[[ 5.  3. -1.]
 [ 5.  3. -1.]
 [ 1.  3. -5.]
 [ 1.  3. -5.]]
```

4.6 行列式

行列式(determinant)とは,正方行列の行ベクトルあるいは列ベクトルによって構成される平行多面体の符号付き体積を表すと解釈できるが,数学的には次のように与えられる.

正方行列を

$$A = \begin{bmatrix} a_{11} & \cdots & a_{1n} \\ \vdots & \ddots & \vdots \\ a_{n1} & \cdots & a_{nn} \end{bmatrix}$$

とおくとき,A の行列式を $\det A$ あるいは $|A|$ で表し,次式

$$\det A = |A| = \sum_{\sigma \in S} (\text{sgn}\, \sigma) a_{1\sigma(1)} \cdots a_{n\sigma(n)}$$

で与えられる.ここで,σ は集合 $\{1, 2, 3, \cdots, n\}$ 上の置換を表し,S は集合 $\{1, 2, 3, \cdots, n\}$ 上の置換すべての集合である.$\text{sgn}\, \sigma$ は置換 σ の符号である.詳しくは,拙著『統計学を学ぶための数学入門[下]:データ分析に活かす』の第3章などを参照されたい.本節では,行列式について直感的に説明する.

行列を行ベクトルに分けて

$$A = \begin{bmatrix} \boldsymbol{a}_1 \\ \vdots \\ \boldsymbol{a}_n \end{bmatrix}$$

とおく.右辺の第 i 行のベクトルは,

$$\boldsymbol{a}_i = [a_{i1} \cdots a_{in}]$$

である.行列を列ベクトルに分けて考えることもできるが,列ベクトルに分けても同じ説明になるので,行ベクトルに分けた場合について考える.

まず，2次正方行列の場合について考える．行列 A を

$$A = \begin{bmatrix} \boldsymbol{a}_1 \\ \boldsymbol{a}_2 \end{bmatrix} = \begin{bmatrix} a_{11} & a_{12} \\ a_{21} & a_{22} \end{bmatrix}$$

と行ベクトルに分けたとき，2つのベクトル $\boldsymbol{a}_1$ と $\boldsymbol{a}_2$ を隣り合う辺とする平行四辺形を構成することができる．行列式 $\det A$ は，この平行四辺形の符号付き面積を表す．符号は，ベクトル $\boldsymbol{a}_1$ から $\boldsymbol{a}_2$ への 180°より小さい方向への回転が，反時計回り（正の回転方向）のとき正であり，時計回り（負の回転方向）のとき負である．例えば，

$$A = \begin{bmatrix} \boldsymbol{a}_1 \\ \boldsymbol{a}_2 \end{bmatrix} = \begin{bmatrix} 1 & 0 \\ 1 & 1 \end{bmatrix}$$

とおいたとき，ベクトル $\boldsymbol{a}_1$ と $\boldsymbol{a}_2$ を隣り合う辺とする平行四辺形は図4.6.1のようになる．ベクトル $\boldsymbol{a}_1$ からベクトル $\boldsymbol{a}_2$ まで 180°より小さい角度で回転するときは，反時計回りになる．したがって，

$$\det A = \det \begin{bmatrix} 1 & 0 \\ 1 & 1 \end{bmatrix} = +1$$

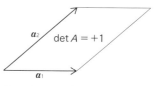

図 4.6.1　面積が正(＋)の場合

である．

しかし，

$$A = \begin{bmatrix} \boldsymbol{a}_1 \\ \boldsymbol{a}_2 \end{bmatrix} = \begin{bmatrix} 1 & 0 \\ -1 & -1 \end{bmatrix}$$

とおいたときは(図4.6.2)，ベクトル $\boldsymbol{a}_1$ からベクトル $\boldsymbol{a}_2$ まで 180°より小さい角度で回転するときは時計回りになるので，

$$\det A = \det \begin{bmatrix} 1 & 0 \\ -1 & -1 \end{bmatrix} = -1$$

図 4.6.2　面積が負(－)の場合

となる．

　行列式は，関数 numpy.linalg.det で求めることができる．上の行列式の計算を行うスクリプト例を，リスト4.6.1に示す．実行結果を，リスト4.6.2に示す．

リスト 4.6.1　行列式の計算例

```
import numpy as np

A = np.array([[1, 0], [1, 1]])
print('A =¥n', A)
```

```
print('det(A) = ', np.linalg.det(A))

A = np.array([[1, 0], [-1, -1]])
print('A =¥n', A)
print('det(A) = ', np.linalg.det(A))
```

リスト 4.6.2　リスト 4.6.1 の実行結果

```
A =
 [[1 0]
  [1 1]]
det(A) =  1.0
A =
 [[ 1  0]
  [-1 -1]]
det(A) =  -1.0
```

　3次以上の正方行列の場合も同様で，直感的には，行列式は行ベクトル（列ベクトルで考えても同じ結果を得る）で構成される n 次元平行体の符号付き体積を表す．符号は，行ベクトルから構成される基底が右手系である場合，正の符号を付け，左手系の場合，負の符号を付ける．行列式は，多変量の変換のときの符号付き拡大（縮小）率や，多変量分布における分散共分散行列の大きさ（体積）を表すのに用いられる．

参 考 文 献

　行列についての簡潔な説明を，次の拙著に用意している．
岡本安晴(2009)．統計学を学ぶための数学入門 [下]：データ分析に活かす．培風館．

第5章 単回帰分析

5.1 モデル

2つの変量の関係を1次関数で表して分析する方法は単回帰分析，そのときのモデルは単回帰モデル(simple linear regression model)と呼ばれている．

表5.1.1は，ある日における都市の5日後の予想最高気温と緯度を表したものである．横軸に緯度，縦軸に予想最高気温をとったときの散布図を図5.1.1に示す．この図は，リスト5.1.1のスクリプトで描かれたものである．

表5.1.1 都市の予想気温と緯度

都市	予想気温(℃)	緯度
札幌	15	43.1
仙台	20	38.3
新潟	17	37.9
金沢	18	36.6
東京	24	35.7
大阪	22	34.7
福岡	22	33.6
高知	24	33.6
鹿児島	23	31.6
那覇	26	26.2

注：予想最高気温は https://tenki.jp/，緯度は https://www.geocoding.jp/ による．

リスト5.1.1 図5.1.1の散布図の描画スクリプト

```
import matplotlib.pyplot as plt

RawData = [ # City     Temperature  Latitude
            ['Sapporo',   15, 43.1],
            ['Sendai',    20, 38.3],
            ['Niigata',   17, 37.9],
            ['Kanazawa', 18, 36.6],
            ['Tokyo',     24, 35.7],
            ['Osaka',     22, 34.7],
            ['Fukuoka',  22, 33.6],
            ['Kochi',     24, 33.6],
            ['Kagoshima', 23, 31.6],
```

```
              ['Naha',      26, 26.2]
    ]
ID = []
Temp = []
Lat = []
for name, t, L in RawData:
    ID.append(name)
    Temp.append(t)
    Lat.append(L)

print('ID =¥n', ID)
print('Temp = ¥n', Temp)
print('Lat = ¥n', Lat)
for x, y, name in zip(Lat, Temp, ID):
    plt.text(x + 0.1, y + 0.1, name)
plt.xlabel('Latitude')
plt.ylabel('Temperature')
plt.title('Forecast of Temperatures')
plt.plot(Lat, Temp, 'bo')

plt.show()
```

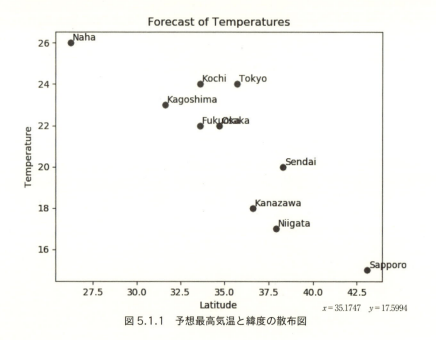

図 5.1.1　予想最高気温と緯度の散布図

緯度のデータをリスト Lat で表し，予想気温のデータをリスト Temp で表している．リスト Lat を横軸，リスト Temp を縦軸にとって，関数 plot で散布図を描いている．図 5.1.1 には，緯度が高くなると予想最高気温は低くなる傾向が表されている．この傾向は，緯度の 1 次式と残差によって

$$予想最高気温 = 定数 + 傾き \times 緯度 + 残差 \tag{5.1.1}$$

と表すことができる．式(5.1.1)において，

$$予想最高気温 = 定数 + 傾き \times 緯度$$

は単回帰関数，あるいは単回帰直線と呼ばれている．傾きは，図 5.1.1 の場合，負の値であり，残差は 1 次式で表したときの誤差である．この残差ができるだけ小さくなるように，式(5.1.1)における定数(y 切片)と傾きを求める．傾きは，回帰係数 (regression coefficient) と呼ぶ．1 次式の変数，式(5.1.1)の場合は「緯度」を独立変数と呼び，左辺の変数，式(5.1.1)の場合は「予想最高気温」を従属変数と呼ぶ．

いま，i 番目のデータの予想最高気温と緯度の対を

$$(y_i, x_i)$$

で表す．表 5.1.1 のデータを上から数えれば，札幌から那覇までが

$$(y_1, x_1) = (15, 43.1), \cdots, (y_{10}, x_{10}) = (26, 26.2)$$

と表される．式(5.1.1)における定数と傾きを b_0 と b_1 で表すと，式(5.1.1)は

$$y_i = b_0 + b_1 x_i + e_i \tag{5.1.2}$$

と表される．残差(誤差；error)を e_i で表している．式(5.1.2)は，行列を用いると式(5.1.3)で表される．

$$\begin{bmatrix} y_1 \\ \vdots \\ y_{10} \end{bmatrix} = \begin{bmatrix} 1 & x_1 \\ \vdots & \vdots \\ 1 & x_{10} \end{bmatrix} \begin{bmatrix} b_0 \\ b_1 \end{bmatrix} + \begin{bmatrix} e_1 \\ \vdots \\ e_{10} \end{bmatrix} \tag{5.1.3}$$

式(5.1.3)において

$$\boldsymbol{y} = \begin{bmatrix} y_1 \\ \vdots \\ y_{10} \end{bmatrix}, \quad X = \begin{bmatrix} 1 & x_1 \\ \vdots & \vdots \\ 1 & x_{10} \end{bmatrix}, \quad \boldsymbol{\beta} = \begin{bmatrix} b_0 \\ b_1 \end{bmatrix}, \quad E = \begin{bmatrix} e_1 \\ \vdots \\ e_{10} \end{bmatrix}$$

とおくと，式(5.1.3)は

$$\boldsymbol{y} = X\boldsymbol{\beta} + E \tag{5.1.4}$$

と書ける．

データ (y_i, x_i) の個数が n 個のときは，

$$\boldsymbol{y} = \begin{bmatrix} y_1 \\ \vdots \\ y_n \end{bmatrix}, \quad X = \begin{bmatrix} 1 & x_1 \\ \vdots & \vdots \\ 1 & x_n \end{bmatrix}, \quad \boldsymbol{\beta} = \begin{bmatrix} b_0 \\ b_1 \end{bmatrix}, \quad E = \begin{bmatrix} e_1 \\ \vdots \\ e_n \end{bmatrix}$$

とおけば，式(5.1.4)で表される．

1次式(5.1.4)における残差(誤差)の2乗和(sum of squares：SS)は，

$$SS = \sum_{i=1}^{n} e_i^2$$

で与えられる．この SS は，$\boldsymbol{\beta}$ が次式(5.1.5)の値 $\hat{\boldsymbol{\beta}}$ をとるとき最小となる．

$$\hat{\boldsymbol{\beta}} = (X'X)^{-1}X'\boldsymbol{y} \tag{5.1.5}$$

係数ベクトル $\boldsymbol{\beta}$ が式(5.1.5)の値をとるとき，式(5.1.4)は最もよく $\boldsymbol{y}$ と $X\boldsymbol{\beta}$ の関係を表していると言える．$\boldsymbol{y}$ が $X\boldsymbol{\beta}$ によってどの程度よく表されているかは，$\boldsymbol{y}$ の分散に占める $X\boldsymbol{\beta}$ の分散の割合によって表される．$X\boldsymbol{\beta}$ の分散の $\boldsymbol{y}$ の分散に対する比を決定係数(coefficient of determination)と呼び，R^2 で表す．すなわち，

$$\text{決定係数} = R^2 = \frac{X\boldsymbol{\beta} \text{の分散}}{\boldsymbol{y} \text{の分散}}$$

である．決定係数 R^2 は，独立変数 x_i と従属変数 y_i との相関係数 r の2乗に等しい．すなわち，

$$R^2 = r^2 = (x_i \text{と} y_i \text{の相関係数})^2 \tag{5.1.6}$$

である．

5.2 Python スクリプト

単回帰分析を行うスクリプトをリスト 5.2.1 に示す.

リスト 5.2.1　単回帰分析

```python
from readdata import *
import matplotlib.pyplot as plt
import numpy as np
import scipy.stats as scst

print('Input data type...')
print('Data is set in the list RawData -> 1')
print('Data is set in the text file      -> 2')
print('Data is set in the csv file       -> 3')
ck = input('\nYour choice = ')
try:
    if ck == '1':
        RawData, f_out, f_out_nm = ReadData_lst()
    elif ck == '2':
        RawData, f_out, f_out_nm = ReadData_txt()
    elif ck == '3':
        RawData, f_out, f_out_nm = ReadData_csv()
    else:
        print('\nInvalid choice...')
        raise Exception()


    f_out.write('Data...\n')
    print('Data...')
    for v in RawData:
        f_out.write(' {0} \n'.format(v))
        print(v)

    VarNames = RawData[0]      # Variable names

    ID = []                    # Case ID
    y = []                     # Dependent variable
    X = []                     # Independent variables
    for v in RawData[1:]:
        ID.append(v[0])
        y.append([v[1]])
        X.append([1, v[2]])
```

```
y = np.array(y)
X = np.array(X)

b = np.linalg.inv(X.transpose() @ X) @ X.transpose() @ y
print('b = ', b)
#
#       Calculation of the Correlation Coefficient
#
X1 = X.transpose()[1]
vy = []
for v in y:
    vy.append(v[0])
y = vy
r, p = scst.pearsonr(X1, y)
print('r = ', r)
R2 = r ** 2
print('R2 = ', R2)
#
#       Drawing the regression line
#
min_x = np.amin(X1)
max_x = np.amax(X1)
y_left = b[0][0] + b[1][0] * min_x
y_right = b[0][0] + b[1][0] * max_x
plt.plot([min_x, max_x], [y_left, y_right], 'b-')

dis_x = (max_x - min_x) * 0.01
dis_y = (np.amax(y) - np.amin(y)) * 0.01
#
#       Plotting the data points
#
plt.plot(X1, y, 'bo')
#
#       Displaying labels and figures
#
for vx, vy, name in zip(X1, y, ID):
    plt.text(vx + dis_x, vy + dis_y, name)
plt.xlabel(VarNames[2])
plt.ylabel(VarNames[1])
plt.title('Simple Linear Regression\n' +
          'r = {0:.3}    $R^2$ = {1:.3}'.format(r, R2))

plt.show()

f_out.write('\nb0<Constant> = {0:.5}\n'.format(b[0][0]))
```

```
            f_out.write('b1<{0}> = {1:.5} ¥n'.format(VarNames[2], b[1][0]))
            f_out.write('¥nr = {0:.3}     R^2 = {1:.3} ¥n'.format(r, R2))

            f_out.close()
            print(' {0} was saved.'.format(f_out_nm))

    except Exception as e:
        print('¥nException...', e)
```

係数 $\hat{\beta}$ を与える式 (5.1.5)

$$\hat{\beta} = (X'X)^{-1}X'y \qquad (5.1.5)\text{再掲}$$

は，スクリプトでは

```
b = np.linalg.inv(X.transpose() @ X) @ X.transpose() @ y
```

となっている．転置行列 X' が X.transpose() で，逆行列が関数 np.linalg.inv で算出されていて，式 (5.1.5) とスクリプトはそのまま対応している．

相関係数は，以下のようにライブラリ scipy.stats の関数 pearsonr によって算出している．

```
import scipy.stats as scst
r, p = scst.pearsonr(Lat, Temp)
```

関数 pearsonr は，戻り値としてタプル（相関係数，p 値）を返す．

リスト 5.2.1 のスクリプトでは，入力データとして，スクリプトへの直接の書込み，テキストファイルからの読込み，csv ファイルからの読込みの 3 つの方法を用意している．これら 3 つの方法からの選択は，スクリプトの実行開始時における以下のような入力関数の選択によって行われる．

```
    if ck == '1':
        RawData, f_out, f_out_nm = ReadData_lst()
    elif ck == '2':
        RawData, f_out, f_out_nm = ReadData_txt()
    elif ck == '3':
        RawData, f_out, f_out_nm = ReadData_csv()
```

上の入力データ読込みの関数は，モジュール readdata.py に宣言されている（リスト 5.2.2）．

リスト 5.2.2 データ入力のモジュール readdata.py

```python
import csv

def ReadData_lst():
    """
        Data set in a List object
    """
    RawData = [ ['City',      'Temperature', 'Latitude'],
                ['Sapporo',    15,            43.1],
                ['Sendai',     20,            38.3],
                ['Niigata',    17,            37.9],
                ['Kanazawa',   18,            36.6],
                ['Tokyo',      24,            35.7],
                ['Osaka',      22,            34.7],
                ['Fukuoka',    22,            33.6],
                ['Kochi',      24,            33.6],
                ['Kagoshima',  23,            31.6],
                ['Naha',       26,            26.2]
    ]
    file_name = input('Output file name = ')
    f_out = open(file_name, 'w')

    return RawData, f_out, file_name



def ReadData_txt():
    """
        Data set in a text file
    """
    f_in_nm = input('Input data file = ')
    f_in = open(f_in_nm, 'r')
    f_data = f_in.readlines()
    pos = 0
    while True:
        if len(f_data[pos]) > 0:
            if f_data[pos][0] == '/':
                pos += 1
                break
        pos += 1

    RawData = []
    ck = 0
    while True:
        if f_data[pos][0] == '/':
```

```
            break
        t_str = f_data[pos].split()
        if ck == 0:
            RawData.append(t_str)
            ck = 1
        else:
            RawData.append([t_str[0], float(t_str[1]), float(t_str[2])])
        pos += 1

    file_name = input('Output file name = ')
    f_out = open(file_name, 'w')
    f_out.write('Input data = {}\n'.format(f_in_nm))

    return RawData, f_out, file_name
def ReadData_csv():
    """
        Data set in a csv file
    """
    f_in_nm = input('Input data file (*.csv) = ')
    with open(f_in_nm, 'r') as f:
        csv_data = [d for d in csv.reader(f)]

    RawData = []
    for i in range(len(csv_data)):
        if i == 0:
            RawData.append(csv_data[i])
        else:
            RawData.append([csv_data[i][0], float(csv_data[i][1]),
                    float(csv_data[i][2])])

    file_name = input('Output file name = ')
    f_out = open(file_name, 'w')
    f_out.write('Input data = {}\n'.format(f_in_nm))

    return RawData, f_out, file_name
```

いずれも戻り値は，タプル(読込みデータ，出力用ファイルストリーム，出力用ファイル名)である．

関数 ReadData_lst は，リスト 5.1.1 の場合と同様，スクリプト中にデータを書き込むものである．リスト 5.2.2 のスクリプトでは

```
RawData = [ ['City',     'Temperature', 'Latitude'] ,
            ['Sapporo',     15,           43.1],
            ['Sendai',      20,           38.3],
            ['Niigata',     17,           37.9],
            ['Kanazawa',    18,           36.6],
            ['Tokyo',       24,           35.7],
            ['Osaka',       22,           34.7],
            ['Fukuoka',     22,           33.6],
            ['Kochi',       24,           33.6],
            ['Kagoshima',   23,           31.6],
            ['Naha',        26,           26.2]
          ]
```

となっている．読者が自分のデータを分析するときは，リスト RawData の内容を自分のデータに書き直せばよい．

関数 ReadData_txt は，テキストファイルからデータを読み込むものである．入力用テキストファイルは，図 5.2.1 に示す形式で用意する．

```
/
City      Temperature   Latitude
Sapporo       15          43.1
Sendai        20          38.3
Niigata       17          37.9
Kanazawa      18          36.6
Tokyo         24          35.7
Osaka         22          34.7
Fukuoka       22          33.6
Kochi         24          33.6
Kagoshima     23          31.6
Naha          26          26.2
/
```

図 5.2.1　入力用テキストファイル例

スラッシュ '/' で始まる行を区切り行として用い，データは2つの区切り行の間に書く．まず，1番目の行には，各変数のラベル（名前）を並べる．2番目の行から1行ずつ，各行に1組のデータを，名前，従属変数，独立変数の順に並べる．ファイルは，スクリプト

```
f_data = f_in.readlines()
```

によって，リスト f_data にまとめて読み込まれる．リスト f_data に読み込まれたデータは，以下のスクリプトによって，スラッシュ'/'で始まる行まで読み進んだ後，それに続く1番目のデータは変数名なのでそのままリスト RawData に入れられる．次のデータからは，1行ずつ，名前，従属変数，独立変数に分けて取り出されて，リスト RawData に加えられる．ただし，数値データを表す文字列は，その表す数値に変換される．

```
pos = 0
while True:
    if len(f_data[pos]) > 0:
        if f_data[pos][0] == '/':
            pos += 1
            break
    pos += 1

RawData = []
ck = 0

while True:
    if f_data[pos][0] == '/':
        break
    t_str = f_data[pos].split()
    if ck == 0:
        RawData.append(t_str)
        ck = 1
    else:
        RawData.append([t_str[0], float(t_str[1]), float(t_str[2])])
    pos += 1
```

関数 ReadData_csv は，csv ファイルから読み込むものである．csv ファイルは，図 5.2.2 に示すように Excel などで作成する．

Excel で作成したときは，ファイルの保存のときに拡張子として .csv を選ぶ．Excel で図 5.2.2 のように作成したファイルを csv ファイルとして保存したものを，テキストエディタで開くと図 5.2.3 のようになっている．

	A	B	C	D
1	City	Temperature	Latitude	
2	Sapporo	15	43.1	
3	Sendai	20	38.3	
4	Niigata	17	37.9	
5	Kanazawa	18	36.6	
6	Tokyo	24	35.7	
7	Osaka	22	34.7	
8	Fukuoka	22	33.6	
9	Kochi	24	33.6	
10	Kagoshim	23	31.6	
11	Naha	26	26.2	
12				
13				

図 5.2.2　csv ファイルの作成

```
DataCSV.csv - M:¥Books¥PythonDA¥サンプル0420¥単回帰¥単回帰スクリプト¥DataCSV.csv (3.6.5)
File Edit Format Run Options Window Help
City,Temperature,Latitude
Sapporo,15,43.1
Sendai,20,38.3
Niigata,17,37.9
Kanazawa,18,36.6
Tokyo,24,35.7
Osaka,22,34.7
Fukuoka,22,33.6
Kochi,24,33.6
Kagoshima,23,31.6
Naha,26,26.2
```

図 5.2.3　図 5.2.2 のファイルを csv ファイルとして保存し，テキストエディタで開いたもの．図 5.2.2 の各セル内のデータがコンマ ',' で区切られて並んでいる

　図 5.2.2 における各セルのデータが，図 5.2.3 ではコンマ ',' で区切って並べられていることがわかる．この csv ファイルは，次のスクリプトによって読み込まれる．

```
with open(f_in_nm, 'r') as f:
    csv_data = [d for d in csv.reader(f)]
```

f_in_nm に設定されているファイル名の csv ファイルからリスト csv_data に読み込まれ，次のスクリプトによってリスト RawData に設定される．

```
RawData = []
for i in range(len(csv_data)):
    if i == 0:
        RawData.append(csv_data[i])
    else:
        RawData.append([csv_data[i][0], float(csv_data[i][1]),
                float(csv_data[i][2])])
```

　元の csv ファイルには，第 1 行目に変数名が設定されているので，文字列データとしてリスト RawData に設定される．第 2 行目からは，数値データは文字列を数値に変換してリスト RawData に加えられている．
　リスト 5.2.1 のスクリプトを実行すると，データの入力方法の選択が求められる（図 5.2.4）．図 5.2.4 では，3 の csv ファイルからの入力を選んでいる．3 の入力後，入力データファイル名の入力が求められる．1 の「データがスクリプトに書き込まれ

ている場合」を選んだときは，入力データファイル名の設定はない．続いて，出力用ファイル名の入力が求められる．出力用ファイル名の入力後，計算が始まり，計算結果を表示するフォームが表示される（図5.2.5）．

```
Input data type...
Data is set in the list RawData -> 1
Data is set in the text file    -> 2
Data is set in the csv file     -> 3

Your choice = 3
Input data file (*.csv) = DataCSV.csv
Output file name = Results.txt
```

図5.2.4　実行開始時の入力データ形式の選択

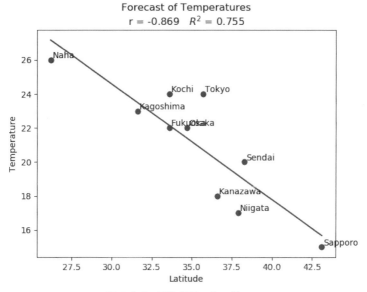

図5.2.5　計算結果の表示グラフ

散布図に回帰直線が描かれ，グラフの上部に相関係数 r と決定係数 R^2 が表示されている．フォームを閉じると，プログラムの実行終了となる（図5.2.6）．

スクリプトの実行終了後，出力ファイルを開くと，表5.1.1

```
b =  [[45.00497785]
 [-0.6804719 ]]
r =  -0.868850062774132
R2   0.7549004315826131
Results.txt was saved.
>>>
```

図5.2.6　実行終了時のコンソール出力

のデータの場合は，リスト5.2.3に示す内容である．

リスト 5.2.3　出力ファイルの例（表 5.1.1 のデータに対するもの）

```
Data...
['City', 'Temperature', 'Latitude']
['Sapporo', 15, 43.1]
['Sendai', 20, 38.3]
['Niigata', 17, 37.9]
['Kanazawa', 18, 36.6]
['Tokyo', 24, 35.7]
['Osaka', 22, 34.7]
['Fukuoka', 22, 33.6]
['Kochi', 24, 33.6]
['Kagoshima', 23, 31.6]
['Naha', 26, 26.2]

b0<Constant> = 45.005
b1<Latitude> = -0.68047

r = -0.869    R^2 = 0.755
```

入力データを出力した後，単回帰モデルの係数 b_0 と b_1 の値が

```
b0<Constant> = 45.005
b1<Latitude> = -0.68047
```

と出力されている．すなわち，図 5.2.5 に示されている回帰直線は

$$予想最高気温 \approx 45.01 - 0.6805 \times 緯度 \tag{5.2.1}$$

と表される．緯度が 1 度上がると，予想最高気温は約 0.7℃下がっている．

相関係数と決定係数は

```
r = -0.869    R^2 = 0.755
```

と出力されている．回帰直線の式(5.2.1)によって表 5.1.1 の予測最高気温の分散の約 76% が説明されている．

◆演習課題 5.E.1　第 2 章◆演習課題 2.E.1 のデータ（表 2.E.1）において，SA を独立変数，SB を従属変数として単回帰分析を行え．解答例は，著者のウェブサイトに挙げてある．

　・http://y-okamoto-psy1949.la.coocan.jp/booksetc/pyda/

なお，グループ変数 ID の影響を考量した分析は，第 6 章◆演習課題 6.E.1 としている．

◆**演習課題 5.E.2**　第 2 章◆演習課題 2.E.2 のデータ（表 2.E.2）において，SA を独立変数，SB を従属変数として単回帰分析を行え．解答例は，著者のウェブサイトに挙げてある．

・http://y-okamoto-psy1949.la.coocan.jp/booksetc/pyda/

なお，グループ変数 ID の影響を考量した分析は，第 6 章◆演習課題 6.E.2 としている．

第6章 重回帰分析

6.1 モデル

単回帰分析では，独立変数の個数は1個であるが，重回帰分析(multiple linear regression analysis)では複数の独立変数が扱われる(特別な場合として独立変数が1個の場合があるが，このときは単回帰分析と同じである．)．すなわち，複数の独立変数の1次式で従属変数の値が表される．例えば，表6.1.1のデータの場合，予想最高気温を緯度と経度の1次式で次式(6.1.1)のように表す．

表6.1.1　天気予報の最高気温

都市	予想最高気温(℃)	緯度	経度(西経)
ボストン	14	42.4	71.1
ワシントン	18	38.9	77.0
マイアミ	33	25.8	80.2
デトロイト	13	42.3	83.0
アトランタ	22	33.7	84.4
シカゴ	15	41.9	87.6
ヒューストン	32	29.8	95.4
オクラホマシティ	21	35.5	97.5
デンバー	16	39.7	105.0
ロサンジェルス	23	34.1	118.2
サンフランシスコ	19	37.8	122.4
シアトル	23	47.6	122.3

注：天気予報最高気温は https://weathernews.jp/world/，緯度・経度は https://www.geocoding.jp/ による．

$$\text{予想最高気温} = 定数 + 係数1 \times 緯度 + 係数2 \times 経度 + 残差 \quad (6.1.1)$$

式(6.1.1)において

$$\text{予想最高気温} = 定数 + 係数1 \times 緯度 + 係数2 \times 経度$$

は，重回帰関数あるいは重回帰式と呼ばれている．左辺の変数，予想最高気温を従属変数(dependent variable)，右辺の変数，緯度と経度を独立変数(independent variable)，定数を切片(intercept)，係数を偏回帰係数(partial regression coefficient)と呼ぶ.

いま, i 番目のデータの予想最高気温, 緯度, 経度の組を

$$(y_i, x_{i,1}, x_{i,2})$$

で表す. 表6.1.1のデータを上から数えれば, ボストンからシアトルまでのデータが

$$(y_1, x_{1,1}, x_{1,2}) = (14, 42.4, 71.1), \cdots, (y_{12}, x_{12,1}, x_{12,2}) = (23, 47.6, 122.3)$$

と表される. 式(6.1.1)における定数と係数1および係数2を b_0 と b_1 および b_2 で表すと, 式(6.1.1)は式(6.1.2)で表される.

$$y_i = b_0 + b_1 x_{i,1} + b_2 x_{i,2} + e_i \qquad (6.1.2)$$

ここで, e_i は残差(誤差;error)を表している. 式(6.1.2)は, 行列を用いると, 式(6.1.3)で表される.

$$\begin{bmatrix} y_1 \\ \vdots \\ y_{12} \end{bmatrix} = \begin{bmatrix} 1 & x_{1,1} & x_{1,2} \\ \vdots & \vdots & \vdots \\ 1 & x_{12,1} & x_{12,2} \end{bmatrix} \begin{bmatrix} b_0 \\ b_1 \\ b_2 \end{bmatrix} + \begin{bmatrix} e_1 \\ \vdots \\ e_{12} \end{bmatrix} \qquad (6.1.3)$$

式(6.1.3)において

$$\boldsymbol{y} = \begin{bmatrix} y_1 \\ \vdots \\ y_{12} \end{bmatrix}, \; X = \begin{bmatrix} 1 & x_{1,1} & x_{1,2} \\ \vdots & \vdots & \vdots \\ 1 & x_{12,1} & x_{12,2} \end{bmatrix}, \; \boldsymbol{\beta} = \begin{bmatrix} b_0 \\ b_1 \\ b_2 \end{bmatrix}, \; E = \begin{bmatrix} e_1 \\ \vdots \\ e_{12} \end{bmatrix}$$

とおくと, 式(6.1.3)は

$$\boldsymbol{y} = X\boldsymbol{\beta} + E \qquad (6.1.4)$$

と書ける. 独立変数が $x_1, \cdots, x_p$ の p 個であり, データ $(y_i, x_{i,1}, \cdots, x_{i,p})$ の個数が n 個のときは,

$$\boldsymbol{y} = \begin{bmatrix} y_1 \\ \vdots \\ y_n \end{bmatrix}, \; X = \begin{bmatrix} 1 & x_{1,1} & \cdots & x_{1,p} \\ \vdots & \vdots & & \vdots \\ 1 & x_{n,1} & \cdots & x_{n,p} \end{bmatrix}, \; \boldsymbol{\beta} = \begin{bmatrix} b_0 \\ b_1 \\ \vdots \\ b_p \end{bmatrix}, \; E = \begin{bmatrix} e_1 \\ \vdots \\ e_n \end{bmatrix}$$

とおけば, 重回帰モデルは式(6.1.4)で表される.

式(6.1.4)における残差 e_i の2乗和 SS(sum of squares)は,

$$SS = \sum_{i=1}^{n} e_i^2$$

で与えられる. この SS は, β が次式(6.1.5)の値 $\hat{\beta}$ をとるとき最小となる.

$$\hat{\beta} = (X'X)^{-1}X'\boldsymbol{y} \tag{6.1.5}$$

係数ベクトル β が式(6.1.5)の値をとるとき, 式(6.1.4)は最もよく $\boldsymbol{y}$ と $X\beta$ の関係を表していると言える. $\boldsymbol{y}$ が $X\beta$ によってどの程度よく表されているかは, このときの $\boldsymbol{y}$ の分散に占める $X\beta$ の分散の割合によって表される. $X\beta$ の分散の $\boldsymbol{y}$ の分散に対する比を多重決定係数(coefficient of multiple determination)と呼び, R^2 で表す. すなわち,

$$多重決定係数 = R^2 = \frac{X\beta の分散}{\boldsymbol{y} の分散}$$

である.

いま, 重回帰式による予測値を $\hat{y}_i$ とおく. すなわち,

$$\hat{y}_i = b_0 + b_1 x_{i,1} + \cdots + b_p x_{i,p} \tag{6.1.6}$$

である. このとき, 予測値 $\hat{y}_i$ とデータ値 y_i の相関係数を重相関係数(multiple correlation coefficient)と呼び, R で表す. この重相関係数は多重決定係数の平方根に等しい. すなわち,

$$重相関係数 = \sqrt{多重決定係数}$$

が成り立っている. 多重決定係数を R^2 で表し, 重相関係数を R で表しても問題はない.

コラム 6.C.1 ダミー変数のコーディング

独立変数がカテゴリ変数のとき, カテゴリ値を扱うためにダミー変数(dummy variable ; indicator variable とも呼ぶ)が用いられる. カテゴリ変数をダミー変数で扱う場合, dummy coding とか effect coding などがある(Kirk, 1995). いま, カテゴリ変数が3つの条件を表すカテゴリ値をとり, 各カテゴリ値における従属変数の値を Y_1, Y_2, Y_3 とおいた場合について考える.

dummy coding では,

$$Y_1 = Y_1$$
$$Y_2 = Y_1 + (Y_2 - Y_1)$$
$$Y_3 = Y_1 + (Y_3 - Y_1)$$

とおき，ダミー変数を

$$D_2 = \begin{cases} 1 & \text{カテゴリ2のとき} \\ 0 & \text{それ以外のとき} \end{cases}, \quad D_3 = \begin{cases} 1 & \text{カテゴリ3のとき} \\ 0 & \text{それ以外のとき} \end{cases}$$

とおく．このとき，

$$Y_1 = Y_1 + (Y_2 - Y_1)D_2 + (Y_3 - Y_1)D_3$$
$$Y_2 = Y_1 + (Y_2 - Y_1)D_2 + (Y_3 - Y_1)D_3$$
$$Y_3 = Y_1 + (Y_2 - Y_1)D_2 + (Y_3 - Y_1)D_3$$

と書ける．すなわち，カテゴリ k における従属変数 Y_k の値が共通の回帰式

$$Y_k = Y_1 + (Y_2 - Y_1)D_2 + (Y_3 - Y_1)D_3$$

で表され，カテゴリ k における値 Y_k がカテゴリ1における値 Y_1 を基準にしたときの差 $Y_k - Y_1$ を用いて表されている．

effect coding では，各カテゴリにわたる値の平均値を基準にして，各カテゴリ値における値がその基準値からの差を用いる形で表される．上の3カテゴリの場合について考える．

各カテゴリにわたる従属変数の平均値を

$$\bar{Y} = (Y_1 + Y_2 + Y_3)/3$$

とおくと，

$$Y_1 = \bar{Y} + (Y_1 - \bar{Y})$$
$$Y_2 = \bar{Y} + (Y_2 - \bar{Y})$$
$$Y_3 = \bar{Y} + (Y_3 - \bar{Y})$$

と書ける．いま，例えば，カテゴリ3に注目して，

$$Y_3 = \bar{Y} + (Y_3 - \bar{Y}) = \bar{Y} - (Y_1 - \bar{Y}) - (Y_2 - \bar{Y})$$

とおき，

$$F_1 = \begin{cases} 1 & \text{カテゴリ1のとき} \\ -1 & \text{カテゴリ3のとき} \\ 0 & \text{それ以外のとき} \end{cases}, \quad F_2 = \begin{cases} 1 & \text{カテゴリ2のとき} \\ -1 & \text{カテゴリ3のとき} \\ 0 & \text{それ以外のとき} \end{cases}$$

とおく．このとき，カテゴリ k における従属変数 Y の値 Y_k は共通の回帰式

$$Y_k = \bar{Y} + (Y_1 - \bar{Y})F_1 + (Y_2 - \bar{Y})F_2$$

で表され，カテゴリ k における値 Y_k がカテゴリ全体にわたる平均値 $\bar{Y}$ を基準にしたときの差 $Y_k - \bar{Y}$ を用いて表されている．上の例におけるカテゴリ3については，次式に注意．

$$(Y_3 - \bar{Y}) = -(Y_1 - \bar{Y}) - (Y_2 - \bar{Y})$$

参 考 文 献

Kirk, R. E. (1995). *Experimental design: Procedures for the behavioral sciences, 3rd ed.* Brooks/Cole Publishing Company.

6.2 Python スクリプト

リスト 6.2.1 重回帰分析スクリプト MainMR.py

```python
from readdataMR import *
import matplotlib.pyplot as plt
import numpy as np
import scipy.stats as scst

print('Input data type...')
print('Data is set in the list RawData -> 1')
print('Data is set in the text file    -> 2')
print('Data is set in the csv file     -> 3')
ck = input('¥nYour choice = ')
try:
    if ck == '1':
        RawData, f_out, f_out_nm = ReadData_lst()
```

```
elif ck == '2':
    RawData, f_out, f_out_nm = ReadData_txt()
elif ck == '3':
    RawData, f_out, f_out_nm = ReadData_csv()
else:
    print('\nInvalid choice...')
    raise Exception()

f_out.write('Data...\n')
for v in RawData:
    f_out.write(' {0} \n'.format(v))

VarNames = RawData[0]
ID = []
y = []                      #   Dependent variable
X = []                      #   Independent variables
for d in RawData[1:]:
    ID.append(d[0])
    y.append([d[1]])
    X.append([1] + d[2:])

y = np.array(y)
X = np.array(X)


b = np.linalg.inv(X.transpose() @ X) @ X.transpose() @ y
print('\nb = ', b)

y_est = X @ b               #   predicted values of of

r, p = scst.pearsonr(y, y_est)  #   Correlation coefficient
r = r[0]
print('r = {0:.3} '.format(r))
R2 = r ** 2                 #   Coefficient of determination
print('R2 = {0:.3} '.format(R2))
#
#       Plotting (y_est, y)
#
plt.plot(y_est, y, 'bo')

min_x = np.amin(y_est)
max_x = np.amax(y_est)
plt.plot([min_x, max_x], [min_x, max_x], 'b-')
#
#       Displaying Labels
```

```
        #
        disp_x = (max_x - min_x) * 0.01
        disp_y = (np.max(y) - np.min(y)) * 0.01
        for v_est, v, name in zip(y_est, y, ID):
            plt.text(v_est + disp_x, v + disp_y, name)
        plt.xlabel('predicted y')
        plt.ylabel('y')
        plt.title('Multiple Linear Regression¥n' +
            'r = {0:.3}    $R^2$ = {1:.3}'.format(r, R2))

        plt.show()
        #
        #       Writing the regression coefficients
        #
        for i in range(X.shape[1]):
            if i == 0:
                f_out.write('¥nb0<Constant>:¥n      {0:.5} ¥n'.format(b[0][0]))
            else:
                f_out.write('b {0} < {1} >:¥n      {2:.5} ¥n'.format(i, VarNames[i + 1], b[i][0]))

        f_out.write('¥nr = {0:.3}     R^2 = {1:.3} ¥n'.format(r, R2))


        f_out.close()
        print(' {0}  was saved.'.format(f_out_nm))

except Exception as e:
    print('¥nException... {} ¥n'.format(e))
```

重回帰分析を行うスクリプトをリスト 6.2.1 に示す．係数 $\hat{\beta}$ を与える式 (6.1.5)

$$\hat{\beta} = (X'X)^{-1}X'\boldsymbol{y} \qquad (6.1.5\text{ 再掲})$$

は，スクリプトでは

```
b = np.linalg.inv(X.transpose() @ X) @ X.transpose() @ y
```

となっている．転置行列 X' が X.transpose() で，逆行列が関数 np.linalg.inv で算出されているので，式 (6.1.5) とスクリプトはそのまま対応している．

　リスト 6.2.1 のスクリプトでは，入力データとして，スクリプトへの直接の書込み，テキストファイルからの読込み，csv ファイルからの読込みの 3 つの方法が用意さ

れている．これらの3つの方法からの選択は，スクリプトの実行開始時における以下のような入力関数の選択によって行われる．

```
if ck == '1':
    RawData, f_out, f_out_nm = ReadData_lst()
elif ck == '2':
    RawData, f_out, f_out_nm = ReadData_txt()
elif ck == '3':
    RawData, f_out, f_out_nm = ReadData_csv()
```

上の入力データ読込みの関数は，モジュール readdataMR.py に宣言されている（リスト 6.2.2）．いずれも戻り値は，タプル（読込みデータ，出力用ファイルストリーム，出力用ファイル名）である．

リスト 6.2.2　重回帰分析用データ入力モジュール readdataMR.py

```
from readdataMR import *
import matplotlib.pyplot as plt
import numpy as np
import scipy.stats as scst

print('Input data type...')
print('Data is set in the list RawData -> 1')
print('Data is set in the text file     -> 2')
print('Data is set in the csv file      -> 3')
ck = input('\nYour choice = ')
try:
    if ck == '1':
        RawData, f_out, f_out_nm = ReadData_lst()
    elif ck == '2':
        RawData, f_out, f_out_nm = ReadData_txt()
    elif ck == '3':
        RawData, f_out, f_out_nm = ReadData_csv()
    else:
        print('\nInvalid choice...')
        raise Exception()

    f_out.write('Data...\n')
    for v in RawData:
        f_out.write(' {0}\n'.format(v))

    VarNames = RawData[0]
```

```python
ID = []
y = []                       # Dependent variable
X = []                       # Independent variables
for d in RawData[1:]:
    ID.append(d[0])
    y.append([d[1]])
    X.append([1] + d[2:])

y = np.array(y)
X = np.array(X)


b = np.linalg.inv(X.transpose() @ X) @ X.transpose() @ y
print('\nb = ', b)


y_est = X @ b                # predicted values of of

r, p = scst.pearsonr(y, y_est)   # Correlation coefficient
r = r[0]
print('R = {0:.3}'.format(r))
R2 = r ** 2                  # Coefficient of determination
print('R2 = {0:.3}'.format(R2))
#
#       Plotting (y_est, y)
#
plt.plot(y_est, y, 'bo')

min_x = np.amin(y_est)
max_x = np.amax(y_est)
plt.plot([min_x, max_x], [min_x, max_x], 'b-')
#
#       Displaying Labels
#
disp_x = (max_x - min_x) * 0.01
disp_y = (np.max(y) - np.min(y)) * 0.01
for v_est, v, name in zip(y_est, y, ID):
    plt.text(v_est + disp_x, v + disp_y, name)
plt.xlabel('predicted y')
plt.ylabel('y')
plt.title('Multiple Linear Regression\n' +
    'R = {0:.3}   $R^2$ = {1::.3}'.format(r, R2))

plt.show()
#
#       Writing the regression coefficients
#
```

```
        for i in range(X.shape[1]):
            if i == 0:
                f_out.write('\nb0<Constant>:\n      {0:.5}\n'.format(b[0][0]))
            else:
                f_out.write('b{0} < {1} >:\n     {2:.5}\n'.format(i, VarNames[i + 1], b[i][0]))

        f_out.write('\nR = {0:.3}    R^2 = {1:.3}\n'.format(r, R2))


        f_out.close()
        print(' {0} was saved.'.format(f_out_nm))

    except Exception as e:
        print('\nException... {} \n'.format(e))
```

関数 ReadData_lst は，スクリプト中にデータを書き込むものである．リスト 6.2.2 のスクリプトでは

```
    RawData = [ ['City',         'Temperature','Latitude','West_Longitude'],
                ['Boston',           14,         42.4,       71.1        ],
                ['Washington',       18,         38.9,       77.0        ],
                ['Miami',            33,         25.8,       80.2        ],
                ['Detroit',          13,         42.3,       83.0        ],
                ['Atlanta',          22,         33.7,       84.4        ],
                ['Chicago',          15,         41.9,       87.6        ],
                ['Houston',          32,         29.8,       95.4        ],
                ['Oklahoma City',    21,         35.5,       97.5        ],
                ['Denver',           16,         39.7,      105.0        ],
                ['Los Angeles',      23,         34.1,      118.2        ],
                ['San Francisco',    19,         37.8,      122.4        ],
                ['Seattle',          23,         47.6,      122.3        ]
              ]
```

となっている．読者が自分のデータを分析するときは，リスト RawData の内容を自分のデータに書き直せばよい．

関数 ReadData_txt は，テキストファイルからデータを読み込むものである．入力用テキストファイルは，図 6.2.1 に示す形式で用意する．

スラッシュ '/' で始まる行を区切り行として用い，データは2つの区切り行の間に書く．まず，1番目の行には，各変数のラベル（名前）を並べる．2番目の行から1行ずつ，各行に1組のデータを，名前，従属変数，独立変数の順に並べる．ファイルは，スクリプト

```
/
City            Temperature    Latitude    West_Longitude
Boston              14           42.4         71.1
Washington          18           38.9         77.0
Miami               33           25.8         80.2
Detroit             13           42.3         83.0
Atlanta             22           33.7         84.4
Chicago             15           41.9         87.6
Houston             32           29.8         95.4
Oklahoma_City       21           35.5         97.5
Denver              16           39.7        105.0
Los_Angeles         23           34.1        118.2
San_Francisco       19           37.8        122.4
Seattle             23           47.6        122.3
/
```

図 6.2.1　テキストファイル入力用データ

```
f_data = f_in.readlines()
```

によって，リスト f_data にまとめて読み込まれる．リスト f_data に読み込まれたデータは，以下のスクリプトによってリスト RawData に設定される．まず，スラッシュ '/' で始まる行まで読み進んだ後，それに続く1番目のデータは変数名なので，そのままリスト RawData に入れられる．次のデータからは，1行ずつ，名前，従属変数，独立変数に分けて取り出され，リスト RawData に加えられる．数値を表す文字列は，その表す数値に変換されている．

```
pos = 0
while True:
    if len(f_data[pos]) > 0:
        if f_data[pos][0] == '/':
            pos += 1
            break
    pos += 1

RawData = []
ck = 0
while True:
    if f_data[pos][0] == '/':
        break
    if ck == 0:
        t_str = f_data[pos].split()
        RawData.append(t_str)
```

```
        ck = 1
    else:
        t_str = f_data[pos].split()
        temp_d = []
        for i in range(len(t_str)):
            if i == 0:
                temp_d.append(t_str[0])
            else:
                temp_d.append(float(t_str[i]))
            RawData.append(temp_d)
    pos += 1
```

関数 ReadData_csv は，csv ファイルから読み込むものである．csv ファイルは，図 6.2.2 に示すように Excel などで作成する．

	A	B	C	D	E
1	City	Temperature	Latitude	West_Longitude	
2	Boston	14	42.4	71.1	
3	Washington	18	38.9	77	
4	Miami	33	25.8	80.2	
5	Detroit	13	42.3	83	
6	Atlanta	22	33.7	84.4	
7	Chicago	15	41.9	87.6	
8	Houston	32	29.8	95.4	
9	Oklahoma_City	21	35.5	97.5	
10	Denver	16	39.7	105	
11	Los_Angeles	23	34.1	118.2	
12	San_Francisco	19	37.8	122.4	
13	Seattle	23	47.6	122.3	
14					

図 6.2.2　Excel で作成したデータ

```
DataMRCSV.csv - M:¥Books¥PythonDA¥サンプル0420¥重回帰¥重回帰スクリプト¥DataMRCSV.csv (3.6.5)
File  Edit  Format  Run  Options  Window  Help
City,Temperature,Latitude,West_Longitude
Boston,14,42.4,71.1
Washington,18,38.9,77
Miami,33,25.8,80.2
Detroit,13,42.3,83
Atlanta,22,33.7,84.4
Chicago,15,41.9,87.6
Houston,32,29.8,95.4
Oklahoma_City,21,35.5,97.5
Denver,16,39.7,105
Los_Angeles,23,34.1,118.2
San_Francisco,19,37.8,122.4
Seattle,23,47.6,122.3
```

図 6.2.3　csv ファイルをエディタで開いた画面

Excelで作成したときは，ファイルの保存のときに拡張子として.csvを選ぶ．Excelで図6.2.2のように作成したファイルをcsvファイルとして保存したものをテキストエディタで開くと，図6.2.3のようになっている．図6.2.2における各セルのデータが，図6.2.3ではコンマ','で区切って並べられていることがわかる．このcsvファイルは，次のスクリプトによって読み込まれる．

```
with open(f_in_nm, 'r') as f:
    csv_data = [d for d in csv.reader(f)]
```

f_in_nmに設定されているファイル名のcsvファイルからリストcsv_dataに読み込まれ，次のスクリプトによってリストRawDataに設定される．

```
RawData = []
for i in range(len(csv_data)):
    if i == 0:
        RawData.append(csv_data[i])
    else:
        temp_d = []
        for j in range(len(csv_data[i])):
            if j == 0:
                temp_d.append(csv_data[i][j])
            else:
                temp_d.append(float(csv_data[i][j]))
        RawData.append(temp_d)
```

元のcsvファイルには，第1行目に変数名が設定されているので，文字列データとしてリストRawDataに設定される．第2行目からは，数値データは文字列を数値に変換してリストRawDataに加えられている．

```
=================== RESTART: M:\Books\PythonD
=============
Input data type...
Data is set in the list RawData  -> 1
Data is set in the text file     -> 2
Data is set in the csv file      -> 3

Your choice = 3
Input data file (*.csv) = DataMRCSV.csv
Output file name = Results.txt
```

図6.2.4 実行開始時の入力データ形式の選択

リスト6.2.1のスクリプトを実行すると，データの入力方法の選択が求められる（図6.2.4）．図6.2.4では3のcsvファイルからの入力を選んでいる．3の入力後，入力データファイル名の入力が求められる．1の「データがスクリプトに書き込まれている場合」を選んだときは，入力データファイル名の設定はない．続いて，出力用

ファイル名の入力が求められる．出力用ファイル名の入力後，計算が始まり，計算結果を表示するフォームが表示される（図 6.2.5）．単回帰分析のときは，横軸に独立変数，縦軸に従属変数をとったが，重回帰分析のときは一般に独立変数が複数個

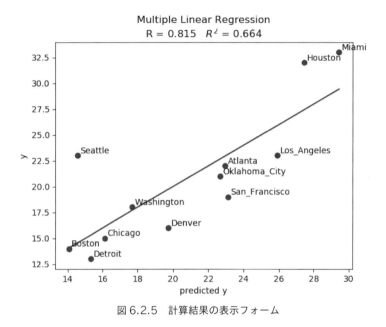

図 6.2.5　計算結果の表示フォーム

あるので，横軸は予測値

$$\hat{y}_i = b_0 + b_1 x_{i,1} + \cdots + b_p x_{i,p} \tag{6.1.6}再掲$$

をとっている．式(6.1.6)を行列で表すと

$$\hat{\boldsymbol{y}} = X\hat{\boldsymbol{\beta}}$$

となる．

予測値 $\hat{y}_i$ とデータ値 y_i の相関係数は，以下のようにライブラリ scipy.stats の関数 pearsonr によって算出している．予測値 $\hat{y}_i$ は，スクリプトではリスト y_est で表されている．関数 pearsonr は，返り値としてタプル（相関係数，p 値）を返す．

```
import scipy.stats as scst
y_est = X @ b
r, p = scst.pearsonr(y, y_est)
```

図 6.2.5 に描かれている直線は

$$Y = X \tag{6.2.1}$$

である．すなわち，予測値 $\hat{y}_i$ とデータ値 y_i が一致すれば，点 $(\hat{y}_i, y_i)$ は直線(6.2.1)上にあり，予測値とデータ値の差が大きければ点 $(\hat{y}_i, y_i)$ は直線(6.2.1)から離れた位置にある．図 6.2.5 では，3 点，Miami，Houston と Seattle を除いてほぼ直線に沿って並んでいることがわかる．Miami，Houston と Seattle は，直線(6.2.1)からかなり上方に離れている．この 3 点に引っ張られて直線(6.2.1)は他の点より少し上方に位置していると考えられる．

散布図グラフの上部に重相関係数 R と多重決定係数 R^2 が表示されている．フォームを閉じると，プログラムの実行終了となる．

スクリプトの実行終了後，出力ファイルを開くと，表 6.1.1 のデータの場合は，リスト 6.2.3 に示されている内容である．

リスト 6.2.3　出力ファイルの内容

```
Input data = DataMRCSV.csv
Data...
['City', 'Temperature', 'Latitude', 'West_Longitude']
['Boston', 14.0, 42.4, 71.1]
['Washington', 18.0, 38.9, 77.0]
['Miami', 33.0, 25.8, 80.2]
['Detroit', 13.0, 42.3, 83.0]
['Atlanta', 22.0, 33.7, 84.4]
['Chicago', 15.0, 41.9, 87.6]
['Houston', 32.0, 29.8, 95.4]
['Oklahoma_City', 21.0, 35.5, 97.5]
['Denver', 16.0, 39.7, 105.0]
['Los_Angeles', 23.0, 34.1, 118.2]
['San_Francisco', 19.0, 37.8, 122.4]
['Seattle', 23.0, 47.6, 122.3]


b0<Constant>:
        44.068
b1<Latitude>:
        -0.87219
b2<West_Longitude>:
        0.098095

R = 0.815    R^2 = 0.664
```

入力データを出力した後，重回帰モデルの係数 b_0, b_1 と b_2 の値が

```
b0<Constant>:
     44.068
b1<Latitude>:
     -0.87219
b2<West_Longitude>:
     0.098095
```

と出力されている．すなわち，重回帰モデルは

$$\text{予想最高気温} \approx 44.068 - 0.87219 \times \text{緯度} + 0.098095 \times \text{経度} \qquad (6.2.2)$$

と表される．緯度が 1 度上がると，予想最高気温は約 0.9℃ 下がり，西に経度 1 度行くと予想最高気温は約 0.1℃ 上がっている．

重相関係数と多重決定係数は

```
R = 0.815   R^2 = 0.664
```

と出力されている．重回帰モデル (6.2.2) によって，表 6.1.1 の予測最高気温の分散の約 66% が説明されている．

6.3 標準化回帰係数

回帰モデルにおける係数は，変数の単位に依存してモデルにおける影響力の解釈が決まる．例えば，

$$\cdots + 5 \times \text{身長(cm)} + 7 \times \text{体重(kg)} + \cdots \qquad (6.3.1)$$

というように身長と体重の影響が表されているとする．身長が 1cm 伸びると式 (6.3.1) における予測値は 5 増加し，体重が 1kg 増えると予測値は 7 増加する．体重の方がモデルにおける影響力が大きいとなる．しかし，身長の単位を m，体重の単位を g にとると

$$\cdots + 500 \times \text{身長(m)} + 0.007 \times \text{体重(g)} + \cdots \qquad (6.3.2)$$

となる．モデル (6.3.2) においては，身長に対する係数は体重に対する係数の約 7 万倍になっている．モデル (6.3.1) および (6.3.2) は実質科学的単位に依存したモデルで

あり，独立変数の影響力は，その単位に基づいて，すなわち独立変数1単位の変化に対するモデル式の変化量が表されている．これは，実質科学的単位に基づいた解釈が可能であり，その意味で便利であるが，変数相互間の統計学的影響力の強さの解釈には単位に依存しないモデルが用いられる．すなわち，各変量の単位を標準偏差が1になるように揃えたものが用いられる．さらに，原点も平均値が0になるように設定される．平均値に原点が設定されると，交互作用を回帰モデルで表すときに便利である．変量の値 U_i を，平均が0，標準偏差が1になるように変換したものは標準化得点（standardized score）あるいは z 得点と呼び，次式(6.3.3)で与えられる．

$$z_i = \frac{U_i - m}{sd} \qquad (6.3.3)$$

ここで，m と sd は，変量 U_i の平均値と標準偏差である．

標準化得点への変換は，関数 scipy.stats.zscore で行うことができる．例を，リスト 6.3.1 に示す．

リスト 6.3.1　標準化得点を求める関数 scipy.stats.zscore

```
import numpy as np
import scipy.stats

A = [[1, 2, 5, 6, 7],[700, 600, 500, 200, 100]]
X = np.array(A).transpose()
print('X =\n', X)

Z = scipy.stats.zscore(X)      # z score
print('Z =\n', Z)

s = Z.shape
print('Shape(Z) = ', s)
n = s[0]           # Number of data

Jn = np.full((1, n), 1.0)
Sum = Jn @ Z       # Sum of columns
print('Sum =\n', Sum)
#
#    Cov = covariance matrix
#
Cov = (Z.transpose() @ Z) / n
print('Cov =\n', Cov)
```

リスト 6.3.1 のスクリプトでは，2 行 5 列のリスト A を作成して，その ndarray 型の転置行列をとって X とおいている．X は 5 行 2 列の行列を表し，各列が 1 つの変量に対応している．この行列 X の値を関数 zscore を用いた次のスクリプト

```
Z = scipy.stats.zscore(X)
```

により，標準化得点に変換して Z で表している．

標準化得点であることを確認するため，まず Z の各列ごとの和を求めている．これは行列

$$Jn = \begin{bmatrix} 1 & 1 & 1 & 1 & 1 \end{bmatrix}$$

を Z の左から掛けることによって行っている．行列 Jn は，関数 numpy.full によって作成している．関数 full の第 1 引数に行列の型を表すタプルをおき，第 2 引数に要素の値を書く．上の Jn を作成するためのスクリプトは

```
Jn = np.full((1, n), 1.0)
```

である．

この Jn を Z の左から掛けて，和を Sum に設定するスクリプトが

```
Sum = Jn @ Z
```

である．リスト 6.3.2 に示されているリスト 6.3.1 のスクリプトの実行結果には，計算精度の範囲内で和が 0 になっていることが示されている．和が 0 であるので，それを個数で割った平均値も 0 である．

リスト 6.3.2　リスト 6.3.1 の実行結果

```
X =
[[  1 700]
 [  2 600]
 [  5 500]
 [  6 200]
 [  7 100]]
Z =
[[-1.38218948  1.2094158 ]
 [-0.95025527  0.77748158]
 [ 0.34554737  0.34554737]
```

```
[ 0.77748158 -0.95025527]
 [ 1.2094158  -1.38218948]]
Shape(Z) = (5, 2)
Sum =
[[-2.22044605e-16 -2.22044605e-16]]
Cov =
[[ 1.         -0.94029851]
 [-0.94029851  1.        ]]
```

　平均が 0 であるので，分散は 2 乗和をデータ数で割った値として算出できる．次のスクリプトでは変数間の積和も求められ，分散共分散行列として Cov で表されている．

```
Cov = (Z.transpose() @ Z) / n
```

　リスト 6.3.2 に示されている Cov の出力から，分散を表す対角成分が 1 であること，したがって標準偏差が 1 であることが確認できる．
　以上の結果から，関数 zscore で標準化得点（z 得点）が算出されていることがわかる．

　標準化回帰係数(standardized regression coefficient)は，変数を標準化したものに対して回帰モデルを適用したときの係数である．読み込まれた変数の標準化が行われることを除いて，分析法は上で説明した重回帰分析と同じである．ただし，標準化得点の平均が 0 であることから，回帰モデル(6.1.2)

$$y_i = b_0 + b_1 x_{i,1} + b_2 x_{i,2} + e_i \qquad (6.1.2) 再掲$$

における定数 b_0 は 0 である．したがって，回帰モデルの行列による式(6.1.3)における行列

$$X = \begin{bmatrix} 1 & x_{1,1} & \cdots & x_{1,p} \\ & \vdots & & \vdots \\ 1 & x_{n,1} & \cdots & x_{n,p} \end{bmatrix}$$

は，定数項に対応する第 1 列の 1 からなる列は不要になり，

$$X_z = \begin{bmatrix} z_{1,1} & \cdots & z_{1,p} \\ \vdots & & \vdots \\ z_{n,1} & \cdots & z_{n,p} \end{bmatrix}$$

となる．ここで，$z_{i,j}$ は $x_{i,j}$ の標準化得点（z 得点）を表す．

標準化回帰係数を求める Python スクリプトをリスト 6.3.3 に示す．

リスト 6.3.3　標準化回帰係数を求める Python スクリプト

```
from readdataMR import *
import matplotlib.pyplot as plt
import numpy as np
import scipy.stats as scst
import statistics as stats

print('Input data type...')
print('Data is set in the list RawData -> 1')
print('Data is set in the text file    -> 2')
print('Data is set in the csv file     -> 3')
ck = input('\nYour choice = ')
try:
    if ck == '1':
        RawData, f_out, f_out_nm = ReadData_lst()
    elif ck == '2':
        RawData, f_out, f_out_nm = ReadData_txt()
    elif ck == '3':
        RawData, f_out, f_out_nm = ReadData_csv()
    else:
        print('\nInvalid choice...')
        raise Exception()


    f_out.write('Data...\n')
    for v in RawData:
        f_out.write(' {0} \n'.format(v))

    VarNames = RawData[0]
    print('VarNames = ', VarNames)
    ID = []
    Temp = []
    Lat = []
    Lngt = []
```

```
y = []
X = []
for d in RawData[1:]:
    ID.append(d[0])
    y.append([d[1]])
    X.append(d[2:])

print('ID =¥n', ID)
print('y =¥n', y)
print('X =¥n', X)

y = np.array(y)
X = np.array(X)

m = np.mean(y)
sd = np.var(y) ** 0.5

print('¥n {0} :¥n    mean = {1:.3}    sd = {2:.3} '.
    format(VarNames[1], m, sd))
f_out.write('¥n {0} :¥n    mean = {1:.3}    sd = {2:.3} ¥n'.
        format(VarNames[1], m, sd))
Xt = X.transpose()
(p, n) = Xt.shape
print('p = ', p)
for i in range(p):
    m = np.mean(Xt[i])
    sd = np.var(Xt[i]) ** 0.5
    print(' {0} :¥n    mean = {1:.3}    sd = {2:.3} '.
        format(VarNames[i + 2], m, sd))
    f_out.write(' {0} :¥n    mean = {1:.3}    sd = {2:.3} ¥n'.
        format(VarNames[i + 2], m, sd))

y_z = scst.zscore(y)          # z_scores of y
X_z = scst.zscore(X)          # z_scores of X

#
#     Standardized Coefficients
#
b = np.linalg.inv(X_z.transpose() @ X_z) @ X_z.transpose() @ y_z
print('b = ', b)
f_out.write('¥n')
for i in range(b.shape[0]):
    f_out.write('b[ {0} ]< {1} >:¥n      {2:.5} ¥n'.
        format(i + 1, VarNames[i + 2], b[i][0]))

y_est = X_z @ b
```

```
    r, p = scst.pearsonr(y_z, y_est)
    r = r[0]                        # Correlation coefficient
    print('R = {0:.3}'.format(r))
    R2 = r ** 2                     # Coefficient of determination
    print('R2 = {0:.3}'.format(R2))
    f_out.write('\nR = {0:.3}    R^2 = {1:.3}\n'.format(r, R2))
    #
    #   Plotting points (y_est, y_z)s
    #
    plt.plot(y_est, y_z, 'bo')
    min_x = np.amin(y_est)
    max_x = np.amax(y_est)
    plt.plot([min_x, max_x],[min_x, max_x], 'b-')
    #
    #   Displaying labels
    #
    disp_x = (max_x - min_x) * 0.01
    disp_y = (np.max(y_z) - np.min(y_z)) * 0.01
    for v_est, v, name in zip(y_est, y_z, ID):
        plt.text(v_est + disp_x, v + disp_y, name)
    plt.xlabel('predicted y')
    plt.ylabel('y')
    plt.title('Multiple Linear Regression\n' +
              'R = {0:.3}    $R^2$ = {1:.3}'.format(r, R2))

    plt.show()

    f_out.close()
    print(' {0} was saved.'.format(f_out_nm))

except Exception as e:
    print('\nException... {} \n'.format(e))
```

標準化得点に変換しない場合と基本的に同じである．標準化得点を求めるスクリプトは以下のようである．

```
    y_z = scst.zscore(y)
    X_z = scst.mstats.zscore(X)
```

この標準化得点に対して，次のスクリプトで標準化回帰係数が求められている．

```
    b = np.linalg.inv(X_z.transpose() @ X_z) @ X_z.transpose() @ y_z
```

計算結果は図 6.3.1 のように表示される．

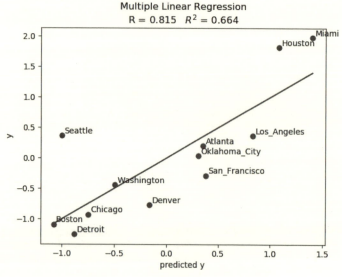

図 6.3.1 標準化回帰係数の場合の結果

標準化得点を用いない結果である図 6.2.5 と比べて，座標の目盛りが標準化得点に対応する範囲になっていることに注意．

スクリプトの実行終了後，出力ファイルを開くとリスト 6.3.4 のようになっている．

リスト 6.3.4　リスト 6.3.3 の実行結果例

```
Input data = DataMRCSV.csv
Data...
['City', 'Temperature', 'Latitude', 'West_Longitude']
['Boston', 14.0, 42.4, 71.1]
['Washington', 18.0, 38.9, 77.0]
['Miami', 33.0, 25.8, 80.2]
['Detroit', 13.0, 42.3, 83.0]
['Atlanta', 22.0, 33.7, 84.4]
['Chicago', 15.0, 41.9, 87.6]
['Houston', 32.0, 29.8, 95.4]
['Oklahoma_City', 21.0, 35.5, 97.5]
['Denver', 16.0, 39.7, 105.0]
['Los_Angeles', 23.0, 34.1, 118.2]
['San_Francisco', 19.0, 37.8, 122.4]
```

```
['Seattle', 23.0, 47.6, 122.3]

Temperature:
        mean = 20.8    sd = 6.19
Latitude:
        mean = 37.5    sd = 5.78
West_Longitude:
        mean = 95.3    sd = 17.2

b[1]<Latitude>:
        -0.81459
b[2]<West_Longitude>:
        0.273

R = 0.815    R^2 = 0.664
```

各変数の平均値と標準偏差が以下のように出力されている．

```
Temperature:
        mean = 20.8    sd = 6.19
Latitude:
        mean = 37.5    sd = 5.78
West_Longitude:
        mean = 95.3    sd = 17.2
```

続いて，標準化回帰係数が以下のように出力されている．

```
b [1] <Latitude>:
        -0.81459
b [2] <West_Longitude>:
        0.273
```

標準化回帰係数の大きさは，緯度に対するものは経度の約3倍であるが，標準化を行わない偏回帰係数の比較では，緯度に対するものは約 -0.872 で経度に対する約 0.098 の約9倍であった（リスト 6.2.3）．

最後に，重相関係数と多重決定係数が出力されている．これは，標準化を行わない重回帰分析の場合と同じである．

```
R = 0.815    R^2 = 0.664
```

◆演習課題 6.E.1　第 2 章◆演習課題 2.E.1 のデータ（表 2.E.1）において，グループ変数 ID の影響を考量して，SA を独立変数，SB を従属変数として分析せよ．解答例は，著者のウェブサイトに挙げてある．

・http://y-okamoto-psy1949.la.coocan.jp/booksetc/pyda/

◆演習課題 6.E.2　第 2 章◆演習課題 2.E.2 のデータ（表 2.E.2）において，グループ変数 ID の影響を考量して，SA を独立変数，SB を従属変数として分析せよ．解答例は，著者のウェブサイトに挙げてある．

・http://y-okamoto-psy1949.la.coocan.jp/booksetc/pyda/

コラム 6.C.2　ダミー変数の独立性

演習課題 6.E.1 および 6.E.2 においてグループ変数をダミー変数として用意する方法は，第 12 章あるいは第 15 章のポアッソン回帰モデルの例を参考にすればよいが，第 6 章の重回帰モデルの場合，式 (6.1.5) における逆行列が存在するために，X の列ベクトルが 1 次独立であるという前提がおかれている。

所属グループを表すダミー変数を XA, XB, XC と用意すると，以下に示すように 1 次独立ではなくなる。

X を

$$X = \begin{bmatrix} 1 & SA & XA & XB & XC \\ \vdots & \vdots & \vdots & \vdots & \vdots \\ 1 & SA & XA & XB & XC \end{bmatrix}$$

と設定したとき，

$$\begin{bmatrix} 1 \\ \vdots \\ 1 \end{bmatrix} = \begin{bmatrix} XA \\ \vdots \\ XA \end{bmatrix} + \begin{bmatrix} XB \\ \vdots \\ XB \end{bmatrix} + \begin{bmatrix} XC \\ \vdots \\ XC \end{bmatrix}$$

が成り立ち，列ベクトルは独立ではない。

列ベクトルが独立であるようにダミー変数を設定するために，例えば，XA を除いて，XB と XC の 2 つを用いる。このとき，ダミー変数 XB と XC は，グループ A を基準にしたときの効果を表すために用いる。

第7章 主成分分析

7.1 モデル

データは複数の変量の値として与えられる．例えば，身長，体重，血圧の3つの変量の場合は，各人のデータは3次元ベクトル

$$(身長, 体重, 血圧)$$

で表される．このデータを40人から収集すると，40人のデータは3次元空間において40個の点として表される．変量の数が多い場合は変数の数の次元数の高次元空間の点として表されるが，これを低次元の空間に写してデータの分布が表されると，データの情報が読み取りやすくなる．例えば，2次元空間でデータの分布が表された場合は，平面上にデータの分布が散布図として表される．データの分布を低次元の空間で表す方法として主成分分析がある．

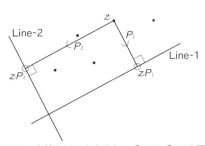

図 7.1.1 直線 Line-1 と Line-2 への2つの正射影

直感的に説明するために，図7.1.1のようにデータが2変量からなる場合を考える．詳しい説明は，Okamoto(2006)を参照されたい．このとき，データの各点は，平面上の分布として表される．図7.1.1では，5個のデータが表されている．これを1次元空間，すなわち直線上の分布として表すことを考える．図7.1.1では，直線 Line-1 と直線 Line-2 に点の射影をとる場合を表している．射影とは，点に光を当

てその影を求めることと説明される．図 7.1.1 の場合は，直線に対して垂直真上から光を当てて直線上に影を求めているので正射影(orthogonal projection)と呼ぶ．影を落とす直線に対して斜め上から光を当てる場合は，射影(projection)と呼ぶ．

　射影は，一般的には，s 次元空間から r 次元空間への影を求めることと考えられるが，正射影の場合は，r 次元空間に対して垂直な方向に光の方向が決まるので，影を投影する空間が決まれば，正射影も決まる．s 次元空間の点を

$$\boldsymbol{x} = (x_1 \cdots x_s) \qquad (7.1.1)$$

と表したとき，r 次元空間への正射影は

$$\boldsymbol{x}P$$

と行列 P による積で表すことができる．主成分分析では，元の s 次元でのデータの分布を最もよく反映する r 次元への正射影を求める．元の分布を最もよく反映するということを，その分散が最大になることと考える．分散が最大になるということは，影の分布の広がりが最大になるということである．図 7.1.1 の例で言えば，直線 Line-1 への正射影が，2 次元での分布をよく反映するものと考える．直線 Line-1 に比べて直線 Line-2 への正射影は，正射影した点の散らばりが小さいという意味で，2 次元での分布の様子の反映が劣ると考える．

　式(7.1.1)の形式のデータが n 組与えられているとする．それを行列

$$X = \begin{bmatrix} \boldsymbol{x}_1 \\ \vdots \\ \boldsymbol{x}_n \end{bmatrix} = \begin{bmatrix} x_{11} & \cdots & x_{1s} \\ & \vdots & \\ x_{n1} & \cdots & x_{ns} \end{bmatrix} \qquad (7.1.2)$$

で表す．主成分分析では変量間の関係を見るので，各変量を平均 0，標準偏差 1 に揃えて原点と単位の影響を除いて分析することが考えられる．式(7.1.2)の変量の値を平均 0，標準偏差 1 の標準得点に変換した式(7.1.3)について考える．

$$Z = \begin{bmatrix} \boldsymbol{z}_1 \\ \vdots \\ \boldsymbol{z}_n \end{bmatrix} = \begin{bmatrix} z_{11} & \cdots & z_{1s} \\ & \vdots & \\ z_{n1} & \cdots & z_{ns} \end{bmatrix} \qquad (7.1.3)$$

この z に対して，射影された ZP の分散が最大になる正射影 P を求める．r 次元空間での分散を次式(7.1.4)で表す．

$$tr\left\{\frac{1}{n}(ZP)'(ZP)\right\} \qquad (7.1.4)$$

　式(7.1.4)を最大にする正射影 P は，次式(7.1.5)で与えられる．

$$P = V_1 V_1' \qquad (7.1.5)$$

ここで，V_1 は次式の特異値分解で与えられるものである．

$$\frac{1}{\sqrt{n}} Z = U \Lambda V' = [U_1 U_2] \begin{bmatrix} \Lambda_1 & 0 \\ 0 & \Lambda_2 \end{bmatrix} \begin{bmatrix} V_1' \\ V_2' \end{bmatrix}$$

$$U_1 = [\boldsymbol{u}_1 \; \cdots \; \boldsymbol{u}_r], \; U_2 = [\boldsymbol{u}_{r+1} \; \cdots \; \boldsymbol{u}_s]$$

$$\Lambda_1 = \begin{bmatrix} \lambda_1 & & 0 \\ & \ddots & \\ 0 & & \lambda_r \end{bmatrix}, \; \Lambda_2 = \begin{bmatrix} \lambda_{r+1} & & 0 \\ & \ddots & \\ 0 & & \lambda_s \end{bmatrix}, \; \lambda_1 \geq \lambda_2 \geq \cdots \geq \lambda_s$$

$$V_1 = [\boldsymbol{v}_1 \; \cdots \; \boldsymbol{v}_r], \; V_2 = [\boldsymbol{v}_{r+1} \; \cdots \; \boldsymbol{v}_s]$$

このとき，

$$tr\left\{\frac{1}{n}(ZP)'(ZP)\right\} = \lambda_1^2 + \cdots + \lambda_r^2 \qquad (7.1.6)$$

である．式(7.1.6)の値は，$r=s$ のとき，

$$tr\left\{\frac{1}{n}(ZP)'(ZP)\right\} = \lambda_1^2 + \cdots + \lambda_s^2 = s \qquad (7.1.7)$$

となる．

相関行列を R とおくと，

$$R = \frac{1}{n} Z'Z = V \Lambda^2 V' \qquad (7.1.8)$$

となり，相関行列の固有分解により Λ と V を得ることができる．

射影された ZP の空間において，座標軸を ZP の座標値の分散が最大になるように互いに直交するものを選ぶと $\{\boldsymbol{v}_1, \cdots, \boldsymbol{v}_r\}$ になる．このときの座標値は主成分（principal components）と呼ばれている．主成分を C で表すと，次式で与えられる．

$$C = \sqrt{n} \, U_1 = Z V_1 \Lambda_1^{-1}$$

空間 ZP における基底を $\{\boldsymbol{v}_1, \cdots, \boldsymbol{v}_r\}$ 以外にとったときは，ZP の座標値は成分（components）と呼ばれる．成分と ZP の関係を表す行列はパターン行列（pattern matrix）と呼ぶ．

主成分のパターン行列 P_{at} は次式で与えられる．

$$P_{at} = V_1 \Lambda_1$$

空間 ZP における基底を $\{\boldsymbol{v}_1, \cdots, \boldsymbol{v}_r\}$ 以外にとると，各座標軸の解釈が容易になる場合がある．いま，基底を $\{\boldsymbol{b}_1, \cdots, \boldsymbol{b}_r\}$ にとったとする．座標間の変換を表す行列を

T とおく. すなわち,

$$\begin{bmatrix} \bm{b}'_1 \\ \vdots \\ \bm{b}'_r \end{bmatrix} = T \begin{bmatrix} \bm{v}'_1 \\ \vdots \\ \bm{v}'_r \end{bmatrix}$$

である. この T は,回転(rotation)と呼ばれている. 正規直交基底間の回転のときは,直交回転(orthogonal rotation), それ以外のときは斜交回転(oblique rotation)と呼ばれる.

基底 $\{\bm{b}_1, \cdots, \bm{b}_r\}$ における成分 C_T とパターン行列 P_T は次式で与えられる.

$$C_T = C\Lambda_1 T^{-1}$$
$$P_T = P_{at} \Lambda_1^{-1} T'$$

2つのパターン行列 P_{at} と P_T が与えられると,回転 T は次式

$$T = P'_T P_T (P'_{at} P_T)^{-1} \Lambda_1$$

で与えられる.

したがって,パターン行列 P_{at} と P_T が与えられたときの成分の変換式は

$$C_T = C\Lambda_1 T^{-1} = CP'_{at} P_T (P'_T P_T)^{-1}$$

となる.

主成分分析の具体例による説明を次節で行う.

7.2 Pythonスクリプト

本書用に用意した Python スクリプトは書籍中に掲載するには少し長すぎるので,一部の記載になるが,完全なスクリプトファイルは著者のウェブサイトからダウンロードできる.

・http://y-okamoto-psy1949.la.coocan.jp/booksetc/pyda/

主成分分析の基本的な部分について,表 7.2.1 のデータの分析を例に説明する.

表 7.2.1 のデータは,6教科の 20 人分の得点である(仮想データ). 6次元空間での 20 個の点として表せる. これを低次元の空間に正射影して教科間の得点の関係を調べる.

表 7.2.1　6 教科の得点（仮想データ）

通番 (ID)	国語 (Jpn)	英語 (Eng)	歴史 (Hist)	数学 (Math)	物理 (Phys)	化学 (Chem)
1	48	46	60	47	68	44
2	54	49	63	61	49	45
3	48	55	47	49	49	47
4	83	78	85	79	66	63
5	56	49	56	78	70	73
6	78	86	76	67	67	75
7	62	64	59	62	69	57
8	80	78	82	82	80	75
9	55	49	58	79	67	75
10	53	65	63	75	89	77
11	45	52	53	47	41	42
12	59	62	72	56	72	72
13	44	34	49	54	65	59
14	79	64	75	37	15	9
15	62	69	66	71	67	66
16	72	63	66	80	84	72
17	78	82	83	81	67	81
18	62	73	63	60	64	67
19	66	60	61	64	43	63
20	70	66	71	50	55	52

まず，データの読込みであるが，これは次のスクリプトが示すように，テキストファイルからの読込みと csv ファイルからの読込みの 2 通りを用意している．

```
print('Your data is in a Text File...Choose 1')
print('Your data is in a CSV File....Choose 2')
ck_choice = input('Your choice = ')
data = None
if ck_choice == '1':
    data, s = ReadTextFile()
elif ck_choice == '2':
    data, s = ReadCSVFile()
```

テキストファイルとして用意するデータは，図 7.2.1 に示す形式で作成する．図 7.2.1 のデータファイルは，表 7.2.1 のデータに対するものである．データは，スラッシュ'/'で始まる行で挟まれている．スラッシュ'/'で始まる最初の行に続いて，変数の数が書かれ，次の行に変数のラベルが並べられている．変数の先頭は，各データの識別用文字列（図 7.2.1 の場合は，通し番号を表す数値文字列）の名前であり，

その後，主成分分析の対象となる変量の名前が並べられている．変量の名前を並べた次の行から，1行に1ケースずつのデータを並べる．先頭は，ケース ID の文字列で，それに続いて各変量のデータを書き並べる．データの最後は，スラッシュ '/' で始まる行をおいて，データの終わりであることを示す．

```
DataSubjects.txt - M:¥Books¥PythonDA¥サンプル0420¥主成分分析¥主成分分析スクリプト¥pcafiles¥DataSubjects.txt (3.6.5)
File  Edit  Format  Run  Options  Window  Help
/
      6
    ID      Jpn    Eng    Hist   Math   Phys   Chem
     1       48     46     60     47     68     44
     2       54     49     63     61     49     45
     3       48     55     47     49     49     47
     4       83     78     85     79     66     63
     5       56     49     56     78     70     73
     6       78     86     76     67     67     75
     7       62     64     59     62     69     57
     8       80     78     82     82     80     75
     9       55     49     58     79     67     75
    10       53     65     63     75     89     77
    11       45     52     53     47     41     42
    12       59     62     72     56     72     72
    13       44     34     49     54     65     59
    14       79     64     75     37     15      9
    15       62     69     66     71     67     66
    16       72     63     66     80     84     72
    17       78     82     83     81     67     81
    18       62     73     63     60     64     67
    19       66     60     61     64     43     63
    20       70     66     71     50     55     52
/
```

図 7.2.1　テキストファイルデータの例

　データを csv ファイルとして用意する場合は，まず，図 7.2.2 のように準備する．図 7.2.2 は，表 7.2.1 のデータに対するものである．1 行目のセルに変量名を入れ，2 行目からデータを入れていく．データの設定が終われば，「名前を付けて保存」メニューで，「ファイルの種類」を「CSV（コンマ区切り）(*.csv)」を選んで保存する．この場合，Excel ではいろいろなことが確認されるが，すべて Yes を選んで先に進めばよい．保存したファイルをテキストエディタで開くと，図 7.2.3 のように，セル内に設定した値がコンマで区切られて並んでいることがわかる．

　リスト 7.2.1 にデータファイルの読込みモジュールを示す．

	A	B	C	D	E	F	G	H
1	ID	Jpn	Eng	Hist	Math	Phys	Chem	
2	1	48	46	60	47	68	44	
3	2	54	49	63	61	49	45	
4	3	48	55	47	49	49	47	
5	4	83	78	85	79	66	63	
6	5	56	49	56	78	70	73	
7	6	78	86	76	67	67	75	
8	7	62	64	59	62	69	57	
9	8	80	78	82	82	80	75	
10	9	55	49	58	79	67	75	
11	10	53	65	63	75	89	77	
12	11	45	52	53	47	41	42	
13	12	59	62	72	56	72	72	
14	13	44	34	49	54	65	59	
15	14	79	64	75	37	15	9	
16	15	62	69	66	71	67	66	
17	16	72	63	66	80	84	72	
18	17	78	82	83	81	67	81	
19	18	62	73	63	60	64	67	
20	19	66	60	61	64	43	63	
21	20	70	66	71	50	55	52	
22								
23								

図 7.2.2　csv ファイルの準備 (Excel)

```
ID,Jpn,Eng,Hist,Math,Phys,Chem
1,48,46,60,47,68,44
2,54,49,63,61,49,45
3,48,55,47,49,49,47
4,83,78,85,79,66,63
5,56,49,56,78,70,73
6,78,86,76,67,67,75
7,62,64,59,62,69,57
8,80,78,82,82,80,75
9,55,49,58,79,67,75
10,53,65,63,75,89,77
11,45,52,53,47,41,42
12,59,62,72,56,72,72
13,44,34,49,54,65,59
14,79,64,75,37,15,9
15,62,69,66,71,67,66
16,72,63,66,80,84,72
17,78,82,83,81,67,81
18,62,73,63,60,64,67
19,66,60,61,64,43,63
20,70,66,71,50,55,52
```

図 7.2.3　csv ファイルをテキストエディタで開いた場合

リスト 7.2.1　データ読込みモジュール readfile.py

```python
import csv

def ReadTextFile():
    #
    #       Prepare the input data file
    #
    s = input("Input data file (*.txt) = ")
    f = open(s, "r")
    #
    #       Set the contents of the input data file in the object data
    #
    data = f.readlines()
    f.close()
    return data, s

def ReadCSVFile():
    #
    #       Prepare the input data file
    #
    f_in_nm = input("Input data file (*.csv) = ")
    #   f_in_nm = input('Input data file (*.csv) = ')
    with open(f_in_nm, 'r') as f:
        csv_data = [d for d in csv.reader(f)]
    #
    #       Set the contents of the csv file in the data
    #
    data = [' ']
    data.append('/')
    data.append('     {}'.format(len(csv_data[0]) - 1))
    for i in range(len(csv_data)):
        temp_str = ' '
        if i == 0:
            for v in csv_data[i]:
                temp_str += ' ' + v
        else:
            for j in range(len(csv_data[i])):
                if j == 0:
                    temp_str += ' ' + csv_data[i][0]
                else:
                    temp_str += ' {}'.format(csv_data[i][j])
        data.append(temp_str)
    data.append('/')

    return data, f_in_nm
```

変量の値を行列 X に設定した後，標準化得点を次のスクリプトで Z に求めている．

```
import scipy.stats as scst
Z0 = []
for j in range(n_vars):
    Z0.append(scst.zscore(X[j]))
Z = np.array(Z0).transpose()
```

求めた Z から相関行列 R を計算して，固有分解を行い，Λ^2 と V を求めることを，次のスクリプトで行っている（式(7.1.8)参照）．

```
R = (Z.transpose() @ Z) / n_data
Lmbd2, V = eigen_sym(R)
```

求めた固有値と固有値の 2 乗の累積和が図 7.2.4 のように表示される．式 (7.1.7) より，固有値の 2 乗のすべての和は，変量の総数 s，いまの場合は 6 に等しい．したがって，有用な固有値は，固有値の 2 乗の総和を変量の総数で割った値である 1 より大きいものという基準を考えることもできる．図 7.2.4 の場合，1 より大きい固有値は 2 個である．成分の個数を 2 と入力して Enter キーを押す．指定した主成分数で計算が始まり，終了するとパターン行列の値を座標とする変量の散布図を描くときの主成分の選択が求められる（図 7.2.5）．横軸と縦軸の主成分を選ぶと，それに対応する散布図が表示される（図 7.2.6）．主成分において正負の方向は固有分解のときの計算法に依存して決まるもので，正負を逆転したものも正しい解である．すなわち，図 7.2.6 において，座標軸を正負反転してもよい．図 7.2.6 の散布図では，横軸がデータの主要な傾向を表す成分であることがわかる．一般に，主成分分析において，第 1 主成分は固有値の最大であるものに対応していて，データの最も主要な傾向を表す．図 7.2.6 では，科目得点の全体的傾向，すなわち，負の方向に絶対値が大きくなるほど 6 教科全体の成績がよいことを表している．縦軸は文系・理系科目の区別に対応している．

図 7.2.6 のフォームの右上の × 印をクリックして閉じると，次の表示用成分の指定が求められる（図 7.2.7）．「xdim =」に 1 より小さい値を設定すると，主成分によるパターン行列の表示は終わり，次の回転後の成分に対する表示に移る．回転は，各成分が変数のグループの中心を通るように行われる．図 7.2.6 で言えば，理系の科目の集まりと文系の科目の集まりの中央に各成分を表す軸が通るように回転が行われる．回転は数学的に目的関数を設定して行われ，いろいろなものが提案されて

```
Your data is in a Text File...Choose 1
Your data is is a CSV File....Choose 2
Your choice = 1
Input data file (*.txt) = DataSubjects.txt
Output data file = Results.txt

              Lambda    cum.sqr        %
    Lambda-1  1.83432   3.36473    56.08
    Lambda-2  1.40444   5.33718    88.95
    Lambda-3  0.53507   5.62349    93.72
    Lambda-4  0.46458   5.83932    97.32
    Lambda-5  0.31091   5.93599    98.93
    Lambda-6  0.25301   6.00000   100.00

Number of components =
```

図 7.2.4 　固有値 λ_i の出力と求める主成分の数の設定

```
Number of components = 2

Set the component number (from 1 to 2) to plot the pattern.
If you do not want to plot the pattern, set the number less than 1.
xdim = 1
ydim = 2
```

図 7.2.5 　表示主成分の選択

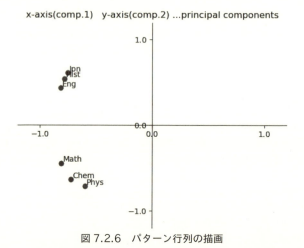

図 7.2.6 　パターン行列の描画

いるが，本スクリプトでは varimax 回転と呼ばれている方法が使われている．図 7.2.7 では，varimax 回転を行ったときの第 1 成分と第 2 成分が指定されている．

このときのパターン行列の散布図を図 7.2.8 に示す．横軸の負の方向が理系科目の得点，縦軸の正の方向が文系科目の得点を表していることがわかる．

図 7.2.8 のフォームの右上の×印をクリックして閉じると，次の表示用の成分の指定が求められる．「xdim =」に 1 より小さい値を設定すると，varimax 回転後のパターン行列の描画表示は終わり，次の斜交回転が行われる．斜交回転の場合は，各軸が直交していないので，直交座標による表示は行われずにスクリプトの実行終了となる．

スクリプトの実行終了後，出力ファイルを開くとリスト 7.2.2 のようになっている．読み込んだデータとその標準化得点が出力されている．続いて，λ_i と λ_i^2 の累積和，

```
Number of components = 2
Set the component number (from 1 to 2) to plot the pattern.
If you do not want to plot the pattern, set the number less than 1.
xdim = 1
ydim = 2

Set the component number (from 1 to 2) to plot the pattern.
If you do not want to plot the pattern, set the number less than 1.
xdim = 0

Set the component number (from 1 to 2) to plot the pattern for the Varimax criterion.
If you do not want to plot the pattern, set the number less than 1.
xdim = 1
ydim = 2
```

図 7.2.7　次の varimax 回転後のパターン行列の表示における成分の選択

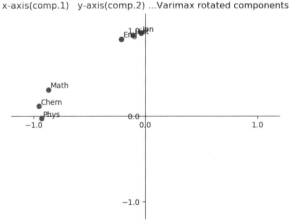

図 7.2.8　varimax 回転後のパターン行列の表示

および累積和の全体に対する比率が出力されている．第2固有値までが1より大きいので，データの主要な傾向を示すものであると考えられる．その後，主成分に対するパターン行列が出力されている．第1主成分に対する値がすべて負であるので，第1主成分の負の値が科目全体の得点傾向を表している．第2主成分については，文系が正，理系が負であるので，文系／理系の区別を表している．各ケースの主成分の値の出力の後，varimax回転後のパターン行列が出力されている．第1成分については，文系科目の値が0に近く，理系科目の値は絶対値が1に近いので，第1成分の負の値は理系科目の得点に対応していると解釈できる．第2成分については，文系の科目の値が1に近く，理系科目は0に近いので，文系科目の得点を表す成分であると考えられる．パターン行列については，パターンが見やすくなるように変数を並べ替えたものも出力されている．表7.2.1のデータの場合は，並替えを行わなくても解釈が容易であるが，データによっては並べ替えることにより解釈が容易になることが多い．各ケースの成分の値の出力後，斜交回転を行った結果が出力されている．斜交回転はpromax法と呼ばれている回転が用いられている．斜交回転では軸の直交条件がないので，パターン行列がより単純化される．すなわち，直行回転に比べてパターン行列の絶対値がより1あるいは0に近いものになる．軸が直交していないので，各成分の相関が0ではなくなる．成分間の相関行列が出力されている．

リスト7.2.2　計算結果の出力例

```
Input data file = DataSubjects.txt


n_vars = 6
Var_names...
       ID      Jpn     Eng     Hist    Math    Phys    Chem

        1   48.000  46.000  60.000  47.000  68.000  44.000
        2   54.000  49.000  63.000  61.000  49.000  45.000
        3   48.000  55.000  47.000  49.000  49.000  47.000
               .
               .
               .
       18   62.000  73.000  63.000  60.000  64.000  67.000
       19   66.000  60.000  61.000  64.000  43.000  63.000
       20   70.000  66.000  71.000  50.000  55.000  52.000
```

Standardized data...

ID	Jpn	Eng	Hist	Math	Phys	Chem
1	-1.20423	-1.24409	-0.50790	-1.26076	0.34673	-0.99764
2	-0.71271	-1.01371	-0.22573	-0.21942	-0.81927	-0.93790
3	-1.20423	-0.55293	-1.73062	1.11200	-0.81927	-0.81842
.						
.						
18	-0.05734	0.82940	-0.22573	-0.29381	0.10126	0.37636
19	0.27034	-0.16895	-0.41384	0.00372	-1.18748	0.13740
20	0.59802	0.29182	0.52671	-1.03762	-0.45106	-0.51973

Lambda...

	Lambd	cum.sqr	%
Lambda-1	1.83432	3.36473	56.08
Lambda-2	1.40444	5.33718	88.95
Lambda-3	0.53507	5.62349	93.72
Lambda-4	0.46458	5.83932	97.32
Lambda-5	0.31091	5.93599	98.93
Lambda-6	0.25301	6.00000	100.00

Pattern matrix for the principal components =

	comp.1	comp.2
Jpn	-0.75184	0.61221
Eng	-0.81468	0.43846
Hist	-0.78026	0.54381
Math	-0.80603	-0.44283
Phys	-0.59683	-0.71379
Chem	-0.72185	-0.63568

Principal components...

ID	comp.1	comp.2
1	1.14263	-0.31126
2	0.85614	0.13922
3	1.39156	-0.16393
.		
.		
18	-0.16398	0.01236
19	0.25673	0.31686
20	0.11365	0.95938

Varimax rotation was applied...

Pattern for the Varimax rotated components =
```
        comp.1    comp.2
 Jpn  -0.04003   0.96874
 Eng  -0.21177   0.90061
Hist  -0.11008   0.94468
Math  -0.86587   0.30993
Phys  -0.93005  -0.02632
Chem  -0.95445   0.11907
```


Sorted Pattern for Varimax rotation =
```
        comp.1    comp.2
Chem  -0.95445   0.11907
Phys  -0.93005  -0.02632
Math  -0.86587   0.30993
 Jpn  -0.04003   0.96874
Hist  -0.11008   0.94468
 Eng  -0.21177   0.90061
```


Components for Varimax...
```
 ID    comp.1    comp.2
  1   0.52441  -1.06183
  2   0.67176  -0.54871
  3   0.79973  -1.15054
          .
          .
          .
 18  -0.09944   0.13097
 19   0.40742   0.01783
 20   0.79363   0.55088
```


Promax rotation was applied...

Pattern for the Promax rotated components =
```
        comp.1    comp.2
 Jpn   0.08941   0.98905
 Eng  -0.09616   0.89541
Hist   0.01422   0.95468
Math  -0.84757   0.19873
```

```
    Phys  -0.95880  -0.15534
    Chem  -0.96427  -0.00944


Correlation matrix of the components...
          comp.1    comp.2
  comp.1  1.00000  -0.26097
  comp.2 -0.26097   1.00000


Sorted Pattern for Promax rotation =
    Chem  -0.96427  -0.00944
    Phys  -0.95880  -0.15534
    Math  -0.84757   0.19873
    Jpn    0.08941   0.98905
    Hist   0.01422   0.95468
    Eng   -0.09616   0.89541


Components for Promax...
    ID   comp.1    comp.2
     1   0.66116  -1.12102
     2   0.73886  -0.63142
     3   0.94585  -1.24479
           .
           .
           .
    18  -0.11600   0.14279
    19   0.40142  -0.03532
    20   0.71319   0.44297
```

参 考 文 献

Okamoto, Y. (2006). A Justification of Rotation in Principal Component Analysis : Projective viewpoint of PCA. *Japan Women's University: Faculty of Integrated Arts and Social Sciences journal*, 17, 59-71. Retrieved April 2018, from https://ci.nii.ac.jp/naid/110006223025.

第 8 章　数量化

8.1　モデル

　カテゴリ変量の値を数値化すなわち数量化すると，他の変量と一緒に主成分分析などで分析できて，データに含まれる情報が読み取りやすくなる．カテゴリ値を数値化する例として，例えば，一番好きな蛋白質食品についての回答が，「魚」，「鳥」，「牛」，「豚」の 4 カテゴリであり，8 人の回答者から表 8.1.1 に示す回答を得た場合について考える．いま，「魚」に数値 w_1，「鳥」に数値 w_2，「牛」に数値 w_3，「豚」に数値 w_4 を与えるとする．これは，8 人の回答データを縦ベクトルで表したとき，次のように表せる．

$$\begin{bmatrix} 魚 \\ 魚 \\ 牛 \\ 豚 \\ 豚 \\ 鳥 \\ 鳥 \\ 牛 \end{bmatrix} \Rightarrow \begin{bmatrix} w_1 \\ w_1 \\ w_3 \\ w_4 \\ w_4 \\ w_2 \\ w_2 \\ w_3 \end{bmatrix} = \begin{bmatrix} 1 & 0 & 0 & 0 \\ 1 & 0 & 0 & 0 \\ 0 & 0 & 1 & 0 \\ 0 & 0 & 0 & 1 \\ 0 & 0 & 0 & 1 \\ 0 & 1 & 0 & 0 \\ 0 & 1 & 0 & 0 \\ 0 & 0 & 1 & 0 \end{bmatrix} \begin{bmatrix} w_1 \\ w_2 \\ w_3 \\ w_4 \end{bmatrix}$$

表 8.1.1　一番好きな蛋白質食品

回答者	人1	人2	人3	人4	人5	人6	人7	人8
回答	魚	魚	牛	豚	豚	鳥	鳥	牛
数量化	w_1	w_1	w_3	w_4	w_4	w_2	w_2	w_3

　上の図式において，矢印の右側の行列とベクトルを

$$G = \begin{bmatrix} 1 & 0 & 0 & 0 \\ 1 & 0 & 0 & 0 \\ 0 & 0 & 1 & 0 \\ 0 & 0 & 0 & 1 \\ 0 & 0 & 0 & 1 \\ 0 & 1 & 0 & 0 \\ 0 & 1 & 0 & 0 \\ 0 & 0 & 1 & 0 \end{bmatrix}, \quad \boldsymbol{w} = \begin{bmatrix} w_1 \\ w_2 \\ w_3 \\ w_4 \end{bmatrix}$$

とおけば，

$$\begin{bmatrix} w_1 \\ w_1 \\ w_3 \\ w_4 \\ w_4 \\ w_2 \\ w_2 \\ w_3 \end{bmatrix} = G\boldsymbol{w}$$

と書くことができる．G は indicator 行列と呼ばれている．

$$G = (g_{ij})$$

とおけば，

$$g_{ij} = \begin{cases} 1 & \text{カテゴリ変量の} i \text{番目の値が} j \text{番目のカテゴリのとき} \\ 0 & \text{それ以外のとき} \end{cases}$$

である．

　上の数量化を，一般的な場合について論じると，以下のようになる．

　カテゴリ変量 X が C 個のカテゴリ値をとるものとする．カテゴリ値を 1 から C までの自然数で表す．X の i 番目 (i 人目) のデータを x_i で表す．X を行列として表せば

$$X = [x_1 \quad \cdots \quad x_N]'$$

となる．N はデータ数 (人数) である．

　いま，カテゴリ変数 X を数量化した変数を Q とおき，カテゴリ j に数値 w_j を与えたものとする．X の i 番目の値 x_i に対する Q の値を q_i とおけば，

$$x_i = j \text{ のとき} \quad q_i = w_j \tag{8.1.1}$$

である．

　カテゴリ変数 X の i 番目の値 x_i に対してベクトル $\boldsymbol{g}_i = [g_{i1} \quad \cdots \quad g_{iC}]$ を

$$g_{ik} = \begin{cases} 1 & x_i = k \text{ のとき} \\ 0 & x_i \neq k \text{ のとき} \end{cases} \tag{8.1.2}$$

とおけば，式(8.1.1)は

$$q_i = w_j = g_{i1}w_1 + \cdots + g_{iC}w_C = \begin{bmatrix} g_{i1} & \cdots & g_{iC} \end{bmatrix} \begin{bmatrix} w_1 \\ \vdots \\ w_C \end{bmatrix}$$

と書ける．したがって，データ数がN人であるとき，

$$G = (g_{ij}), \quad \bm{w} = [w_1 \ \cdots \ w_C]', \quad Q = \begin{bmatrix} q_1 \\ \vdots \\ q_N \end{bmatrix}$$

とおけば

$$Q = G\bm{w}$$

である．Gはダミー変数のように機能しており，$\bm{w}$は数量化ベクトルである．

いま，数量化変数Qの分散が大きいほど，カテゴリ変数Xに含まれる情報が数量化変数によく反映されていると考え，数量化ベクトル$\bm{w}$を，$\bm{w}$の長さが1の制約条件の下で数量化変数Qの分散を最大(極大)にするものとして求める．この$\bm{w}$は，次式を満たすものとして求められる(Okamoto, 2015)．

$$H'H\bm{w} = \lambda\bm{w} \tag{8.1.3}$$

ここで

$$H = G - \frac{1}{N}\bm{1}_N\bm{f}, \quad \bm{f} = \bm{1}'_N G$$

であり，$\bm{1}_N$は1を要素とする$(N, 1)$型行列

$$\bm{1}_N = (1 \ \cdots \ 1)'$$

である．Hは，Gの各列から列の平均値を引いたものである．

式(8.1.3)を満たすλと$\bm{w}$は，行列$H'H$の固有値とそれに対する固有ベクトルと呼ばれているが，式(8.1.3)の場合は，一般に0でない固有値λが$(C-1)$個存在する(Okamoto, 2015)．式(8.1.3)を満たすλと$\bm{w}$に対して，Qの分散は

$$Var(Q) = \lambda/N$$

で与えられる．数量化変数Qを，平均が0，分散が1であるように標準化した値を共通数量化変数$\bm{z}$とする．

$$\bm{z} = (\lambda/N)^{-1/2}H\bm{w} \tag{8.1.4}$$

である．

カテゴリ数Cのカテゴリ変数Xに対して，一般には$(C-1)$個の数量化変数(式(8.1.4))が与えられるが，それらは互いに独立である．詳しい説明は，Okamoto (2015)を参照されたい．

次節において，具体例を用いて説明する．

8.2 Python スクリプト

数量化 Python スクリプトを用意したが，本書では説明に関わる箇所を抜粋して示す．スクリプトファイルとサンプルデータファイルは，著者の以下のウェブサイトからダウンロードできる．

・http://y-okamoto-psy1949.la.coocan.jp/booksetc/pyda/

表 8.2.1 に，質問紙回答データ例を示す．質問紙は以下に示すように，7項目からなり，Q1 から Q5 までがカテゴリ回答項目で，Q6 と Q7 が数量回答項目である．

表 8.2.1　質問紙回答データ

ID	Q1	Q2	Q3	Q4	Q5	Q6	Q7
39D	3	1	3	3	1	10	0
40D	3	2	2	2	1	40	0
41D	3	2	2	2	1	0	90
42D	2	1	2	2	1	60	80
43D	2	2	2	2	1	80	0
44D	1	2	2	2	1	80	80
45D	3	1	2	2	1	20	10
46D	2	2	2	3	1	20	0
47D	3	1	3	3	1	20	50
48D	1	2	2	2	1	60	45
49D	2	2	1	3	1	50	50
50D	2	2	2	2	2	80	30
51D	2	3	3	2	2	80	80
52D	3	1	2	2	1	80	75
53D	3	2	1	2	1	90	60
54D	2	2	2	2	3	50	50
55D	3	1	1	2	1	50	50
56D	3	3	1	1	1	-20	0
57D	1	1	1	2	2	70	50
58D	2	2	2	2	1	0	0
59A	2	1	2	2	1	80	80
60A	1	2	2	2	3	80	40
61A	2	2	1	2	1	70	50
62A	1	2	2	1	1	90	50
63A	1	3	3	3	1	0	0
64A	3	1	1	1	1	100	90
65A	1	2	3	3	1	90	80
66A	2	2	3	3	2	-100	-100
67A	1	2	2	2	1	80	50
68A	1	2	2	2	2	100	80
69A	1	2	2	2	3	65	25
70A	2	2	2	3	1	60	60
71A	2	1	1	2	1	50	50
72A	2	3	3	3	2	-90	0
73A	2	2	3	2	1	50	70
74A	1	2	2	2	1	60	70
75A	3	2	3	2	1	80	100
76A	3	3	2	2	3	0	-10
77A	1	2	2	2	1	50	0

Q1 心理学という分野があることを，A. 小学生の頃には知っていた．B. 中学生の頃に知った．C. 高校生の頃に知った．D. その他．

Q2 大学受験のとき，A. 心理学 ≒ 臨床心理学と思っていた．B. 心理学には臨床心理学以外の分野があることを知っていた．C. その他(「心理学とは何をする分野なのか知らなかった．」など)．

Q3 大学受験のとき，卒業後は何になりたいと考えていましたか？ A. カウンセラーになりたい．B. カウンセラーではないが，心理学を活かした職業に就きたい．C. その他．

Q4 いま，卒業後は何になりたいと考えていますか？ A. カウンセラーになりたい．B. カウンセラーではないが，心理学を活かした職業に就きたい．C. その他．

Q5 自分の得意分野は，A. 文系であると思う．B. 理系であると思う．C. その他．

Q6 心理学科に入学したことにどの程度満足していますか．非常に満足しているなら100点，全然満足していないなら −100点，どちらでもないなら0点，という具合に，−100点から100点までの数値で心理学科に進学したことの満足度を表すと，あなたの満足度は何点になりますか．（　　）点

Q7 受験生から，どこに進学するのがよいか相談を受けたとして，心理学科をどの程度薦めますか．強く薦めるなら100点，強く反対するなら −100点，薦めも反対もしないなら0点，という具合に，−100点から100点までの数値で，心理学科をどの程度薦めたいか評定して下さい．（　　）点

女子学生1年生39人の回答結果を表8.2.1に示す．表8.2.1においては，回答カテゴリA，B，C，Dをそれぞれ整数値の1，2，3，4で表している．変量 ID は，回答用紙(回答者)の識別文字列である．

本章で用意したPythonスクリプトでは，変量の変換を，文字列を値とするものは変換せずそのまま，数値データは標準化得点に変換，カテゴリ変量は数量化得点が算出される．数値データであっても変換しない場合は，数値を表す文字列データとして扱えばよい．図8.2.1にExcelでのデータファイル設定例を示す．1行目に変量名を設定し，2行目に変量の変換法を指定する数値を設定している．数値0なら文字列として扱い，変換を行わない．数値1なら標準化得点を算出する．数値が2以上のときは，設定されている数値の数をカテゴリ数とするカテゴリ変量である

第8章 数量化

	A	B	C	D	E	F	G	H	I
1	ID	Q1	Q2	Q3	Q4	Q5	Q6	Q7	
2	0	3	3	3	3	3	0	0	
3	39D	3	1	3	3	1	10	0	
4	40D	3	2	2	2	1	40	0	
5	41D	3	2	2	2	1	0	90	
6	42D	2	1	2	2	1	60	80	
7	43D	2	2	2	2	1	80	0	
8	44D	1	2	2	2	1	80	80	
9	45D	3	1	2	2	1	20	10	
10	46D	2	2	2	3	1	20	0	

図 8.2.1 表 8.2.1 のデータの Excel での設定例（一部を表示）．質問項目「Q1」の回答カテゴリは，A から D までの 4 カテゴリであるが，カテゴリ D に対する回答はなかったので，カテゴリ数 3 として扱われている

ことを表す．カテゴリ数が K のときは，カテゴリ値は 1 から K までの整数値で表す．図 8.2.1 の設定データを csv ファイルとして保存する．csv ファイルは，次のスクリプトで読み込まれる．

```
f_in_nm = input("Input data file (*.csv) = ")
with open(f_in_nm, 'r') as f:
    csv_data = [d for d in csv.reader(f)]
```

読み込んだデータは，カテゴリ変量に対しては，式(8.1.2)に従って indicator 行列 G が作成され，G の各列の平均値が 0 になるように調整された行列 H に対して，式(8.1.3)による固有分解が以下のスクリプトによって行われる．

```
G = np.array(G)

onesRow = np.full((1, NCase), 1)

onesCol = np.full((NCase, 1), 1)

f = onesRow @ G
H = G - (onesCol @ f) / NCase
HpH = H.transpose() @ H

w, v = eigen(HpH)
```

求められた固有値 w と固有ベクトル v から，数量化得点を式(8.1.4)に基づいて，以下のスクリプトで算出している．式(8.1.4)の λ と $\boldsymbol{w}$ が，ここでの固有値 w と固有ベクトル v であることに注意．

```
eigen_val = w [0: n_quant]
eigen_vec = v [0: n_quant]

matOmega = eigen_vec.transpose ()

z = H @ matOmega

invLmbdN = np.full ((n_quant, n_quant), 0.0)
for i in range (n_quant):
    invLmbdN [i, i] = 1.0 / ((eigen_val [i] / NCase) ** 0.5)

z = z @ invLmbdN
```

計算結果は，テキストファイルと csv ファイルの 2 通りが出力される．csv ファイルを開く場合，Excel であれば図 8.2.2 に示すようにファイルの種類として「テキストファイル(*.prn, *.txt, *.csv)」を選ぶ．計算結果の csv ファイルを Excel で開くと図 8.2.3 に示すようになっている．文字列データとして指定した変数 ID，Q6 と Q7 はそのままの値である．カテゴリ変数 Q1 から Q5 は，数量化得点が設定されている．1 つのカテゴリ変数に対してカテゴリ数が K であれば，$K-1$ 個の数量化変数が算出されるので，変数名に 0 から始まる通し番号を付けて表している．例えば，変数 Q1 に対して算出された 2 個の数量化変数は，Q1-0 と Q1-1 である．

図 8.2.2　出力された csv ファイルの選択

図 8.2.3　CSV 形式の出力ファイルを Excel で開いた例（一部を表示）

出力テキストファイルには，カテゴリ変量に対して算出された固有値と固有ベクトルが出力されている(リスト8.2.1).

リスト8.2.1 数量化プログラムの出力テキストファイルの一部

```
Categorical variable: Q1 quantified.Number of quantification variables = 2

Eigen value = 13.84615
Eigen vector =
       0.40825
      -0.81650
       0.40825

Eigen value = 12.00000
Eigen vector =
      -0.70711
       0.00000
       0.70711


Categorical variable: Q2 quantified.Number of quantification variables = 2

Eigen value = 14.78034
Eigen vector =
      -0.61920
       0.77052
      -0.15132

Eigen value = 6.24530
Eigen vector =
       0.53222
       0.27013
      -0.80235


Categorical variable: Q3 quantified.Number of quantification variables = 2

Eigen value = 14.42481
Eigen vector =
       0.34889
      -0.81375
       0.46486

Eigen value = 8.44699
Eigen vector =
```

       -0.73820
        0.06695
        0.67125

Categorical variable: Q4 quantified.Number of quantification variables = 2

Eigen value = 13.99230
Eigen vector =
        0.09878
       -0.75130
        0.65252

Eigen value = 4.00770
Eigen vector =
       -0.81050
        0.31970
        0.49080

Categorical variable: Q5 quantified.Number of quantification variables = 2

Eigen value = 11.41055
Eigen vector =
       -0.80075
        0.53859
        0.26216

Eigen value = 4.69201
Eigen vector =
       -0.15960
       -0.61367
        0.77327

　数量化されたカテゴリ変量 Q1-0 から Q5-1 と，量的変量 Q6 と Q7 に対して第 7 章の主成分分析を行うと，図 8.2.4 の結果を得る．変量 Q6 と変量 Q7 は満足度と推薦したい気持ちの強さであるので，図 8.2.4 において互いに近くにプロットされている結果は，回答者の満足度と推薦したい気持ちがほぼ一致していることを表している．この Q6 と Q7 の近くに Q2-1，反対側に Q4-0 が位置している．反対側に位置しているのは，傾向が反対（相関係数が -1 に近い）であるという関係があることを示している．ただし，数量化における固有ベクトルは，符号を反転したものも解であるので，数量化のプログラムによっては，Q2-1 は Q6 と Q7 から離れたり，

Q4-0 は Q6 と Q7 の近くに位置したりするので注意．近くに布置している，あるいは反対側に離れているということは，ともに変量間に関係があることを示している．Q6 と Q2-1 の関係を，単回帰分析を行う第 5 章のスクリプトで分析すると，図 8.2.5 を得る．図 8.2.4 において変量 Q2-1 は変量 Q6 の近くに位置しているが，このことは図 8.2.5 における回帰直線が正の傾きであることに反映されている．

変量 Q6 と Q4-0 の関係を第 5 章の単回帰分析で分析すると，図 8.2.6 を得る．主成分分析の結果を示す図 8.2.4 において反対の位置にある変量 Q6 と Q4-0 の単回帰直線の傾きは，負であることがわかる．概して「心理学を活かす」職業あるいは「カウンセラー」を希望する学生の満足度は，回答として「その他」を選んだ学生より高そうである．

図 8.2.4 の布置を見ると，変量 Q2-0 と変量 Q1-1 が反対側に位置している．この 2 つのカテゴリ変量の関係を見るためにクロス表を作成してみる．まず，図 8.2.1 のファイルから変量 Q1 と Q2 を取り出し図 8.2.7 のように用意して，csv ファイルとして保存する．このファイルを入力データとしてクロス表を作成するスクリプトを，リスト 8.2.2 に示す．

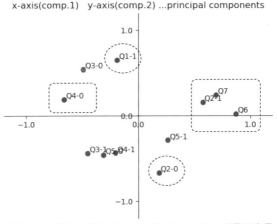

図 8.2.4 数量化変量 Q1-0 から Q5-1，および量的変量 Q6 と Q7 の主成分分析

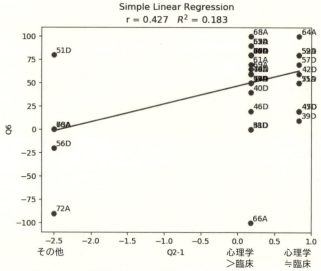

図 8.2.5 満足度 Q6 と心理学のイメージ Q2-1 の関係

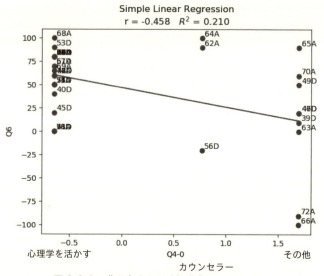

図 8.2.6 満足度 Q6 と希望職業 Q4-0 の関係

	A	B	C
1	Q1	Q2	
2	3	1	
3	3	2	
4	3	2	
5	2	1	
6	2	2	
7	1	2	
8	3	1	
9	2	2	
10	3	1	
11	1	2	

図 8.2.7　クロス表作成用データファイル
(一部を表示)．csv ファイルとして保存

リスト 8.2.2　クロス表作成 Python スクリプト

```
import csv

X1 = {'1':0, '2':1, '3':2}
nm1 = ['elem', 'junior', 'senior']
X2 = {'1':0, '2':2, '3':1}
nm2 = ['psy=clin', 'other', 'psy>clin']

Cnt = []
n1 = len(X1)
n2 = len(X2)
print ('n1 = ', n1, '   n2 = ', n2)


for i in range(n1):
    Cnt.append([])
    for j in range(n2):
        Cnt[i].append(0)

f_in_nm = input("Input data file (*.csv) = ")
with open(f_in_nm, 'r') as f:
    csv_data = [d for d in csv.reader(f)]

n = len(csv_data)
for i in range(1, n):
    Cnt[X1[csv_data[i][0]]][X2[csv_data[i][1]]] += 1

print('Cnt =¥n', Cnt)

Sum1 = []
for i in range(n1):
```

```
        sum = 0
        for j in range(n2):
            sum += Cnt[i][j]
        Sum1.append(sum)

    Sum2 = []
    for j in range(n2):
        sum = 0
        for i in range(n1):
            sum += Cnt[i][j]
        Sum2.append(sum)

    print('¥n¥nCross Table')
    print(' {0:>10s} '.format(' '), end = '')
    for j in range(n2):
        print(' {0:>10s} '.format(nm2[j]), end = '')        #(list(X2.keys())[j]), end = '')
    print(' {0:>10s} '.format('Sum'))
    for i in range(n1):
        print(' {0:>10s} '.format(nm1[i]), end = '')        #(list(X1.keys())[i]), end = '')
        for j in range(n2):
            print(' {0:>10d} '.format(Cnt[i][j]), end = '')
        print  (' {0:>10d} '.format(Sum1[i]))
    print(' {0:>10s} '.format('Sum'), end = '')
    for j in range(n2):
        print(' {0:>10d} '.format(Sum2[j]), end = '')
    Sum = 0
    for i in range(n2):
        Sum += Sum1[i]
    print(' {0:>10d} '.format(Sum))
```

変量 Q1-1 の数量化ベクトルは，リスト 8.2.1 を見ると

```
Eigen vector =
        -0.70711
         0.00000
         0.70711
```

となっている．すなわち，心理学を知った時期に対する数量化の値が，小学生（−0.70711），中学生（0.00000），高校生（0.70711）である．カテゴリを表す数値が，小学生が 1，中学生が 2，高校生が 3 であるので，カテゴリ値と数量化の値の大小順序を表す辞書を

```
X1 = {'1':0, '2':1, '3':2}
```

と設定している．順序が0から始まっていることに注意．

出力においてカテゴリ値を表す文字列をカテゴリ値の順番に並べたリストを

```
nm1 = ['elem', 'junior', 'senior']
```

と設定している．

変量 Q2-0 も同様である．数量化ベクトルは

```
Eigen vector =
        -0.61920
         0.77052
        -0.15132
```

であるので，カテゴリ値と数量化の値の大小順序を表す辞書を

```
X2 = {'1':0, '2':2, '3':1}
```

と設定し，カテゴリ値を表す文字列のリストを

```
nm2 = ['psy=clin', 'other', 'psy>clin']
```

と設定している．

以上の準備の下で，各カテゴリの組合せに対する度数を以下のスクリプトによって数えている．

```
Cnt = []
n1 = len(X1)
n2 = len(X2)
print('n1 = ', n1, '  n2 = ', n2)

for i in range(n1):
    Cnt.append([])
    for j in range(n2):
        Cnt[i].append(0)

f_in_nm = input("Input data file (*.csv) = ")
with open(f_in_nm, 'r') as f:
    csv_data = [d for d in csv.reader(f)]

n = len(csv_data)
for i in range(1, n):
    Cnt[X1[csv_data[i][0]]][X2[csv_data[i][1]]] += 1
```

リスト8.2.2のスクリプトを実行すると，次の出力が得られる．

```
n1 = 3   n2 = 3
Input data file (*.csv) = DataQ1Q2.csv
Cnt =
 [[1, 1, 10], [3, 2, 10], [6, 2, 4]]

Cross Table
         psy=clin   other   psy>clin   Sum
   elem       1       1       10       12
 junior       3       2       10       15
 senior       6       2        4       12
    Sum      10       5       24       39
```

上の出力結果を表8.2.2にまとめた．カテゴリ値は，割り付けられた数量化ベクトルの値の大小順に合わせて並べられている．小学生あるいは中学生のときに心理学という分野があることを知った学生は，「心理学には臨床心理学以外の分野があることを知っていた」という回答者が多いが，それに比べると，高校生のときに心理学という分野があることを知った回答者は「心理学 ≒ 臨床心理学」と理解していた学生の割合が増えている．この傾向が，主成分分析の結果を表す図8.2.4の布置におけるQ1-1とQ2-0の関係として表されていると考えられる．

表8.2.2　質問項目Q1とQ2のクロス表．各カテゴリを数量化ベクトルの値の順序に並べた

	心理学 ≒ 臨床心理学 −0.61920	その他 −0.15132	心理学 ＞ 臨床心理学 0.77052	計
小学生 −0.70711	1	1	10	12
中学生 0.00000	3	2	10	15
高校生 0.70711	6	2	4	12
計	10	5	24	39

表8.2.2は，第12章「PyStanによるポアッソン回帰モデル分析」および第15章「PyMCによるポアッソン回帰モデル分析」においてベイズ分析を行う．

参　考　文　献

Okamoto, Y. (2015). A two-step analysis with common quantification of categorical data. *Japan Women's University: Faculty of Integrated Arts and Social Sciences journal*, 26, 99-112. Retrieved April 2018, from http://id.nii.ac.jp/1133/00002169.

第3部 ベイズ分析

　確率モデル(stochastic/probabilistic model)は，データ分析における強力な道具である．コンピュータとソフトウェアの驚異的な進歩により，確率モデルによる分析法であるベイズ分析法の実用性が飛躍的に高まり，確率モデルによる分析法の強力さが存分に味わえるようになった．まず，確率について簡単に説明した後，乱数，ベイズ分析について基本的なことの解説を行う．ベイズ分析の強力さは，事後分布をMarkov chain Monte Carlo(MCMC)というシミュレーション法で求められるようになったことによるが，このソフトとしてPyStanとPyMCを取り上げる．

第 9 章　確率計算と Python スクリプト

　確率は，離散事象に対するものと連続量に対するものに分けて説明されることが多い．まず，離散事象について考え，続いて連続量の確率について説明する．確率をシミュレーションで扱うとき乱数が用いられるが，乱数についても簡単に説明する．最後に，ベイズ分析の基礎的考え方の解説を行う．

9.1　離散確率分布

　サイコロの目の数のように，事象が1つ1つ数えられるときは，離散確率と呼ぶ．離散確率は，基礎となる事象(根元事象あるいは標本点と呼ぶ)の確率，サイコロの場合で言えば各目の出る確率が与えられると，いろいろな事象の確率が計算できる．例えば，1から6までの各目の数の確率(根元事象の確率)を

$$P(サイコロの目の数が i である) = \frac{1}{6}$$

と与えると，奇数の目が出る確率は，目の数が奇数である根元事象の確率の和

　　$P(サイコロの目の数が奇数である)$
　$= P(サイコロの目の数が 1 である) + P(サイコロの目の数が 3 である)$
　　$+ P(サイコロの目の数が 5 である)$

で与えられる．

　事象は，根元事象を要素とする集合で表される．サイコロの目の場合，目の数が i であるという根元事象を整数 i で表すと，

$$サイコロの目が奇数であるという事象 = \{1, 3, 5\}$$

である．その確率は根元事象の確率の和である．

　すべての根元事象を集めた集合は，基礎空間(basic space)，標本空間(sample space)あるいは全事象(whole event)と呼ばれている．

リスト 9.1.1　離散事象の確率を求める Python スクリプト

```
W = {'1': 1/6, '2': 1/6, '3': 1/6, '4': 1/6, '5': 1/6, '6': 1/6}

def prob( s ):
    v = 0
    for e in s:
        v += W[e]
    return v

kisu = set(['1', '3', '5'])
print(kisu)
print('Prob = ', prob(kisu))
```

リスト 9.1.1 のスクリプトでは，サイコロの目の全事象を構成する各根元事象とその確率の対を要素とする辞書を W で，奇数の事象を集合 kisu で表している．事象の確率を求める関数として prob が宣言されている．事象「奇数の目」の確率が次のスクリプトで計算され，表示されている．

```
print('Prob = ', prob(kisu))
```

リスト 9.1.1 のスクリプトの実行結果は以下のようになる．

```
{'5', '1', '3'}
Prob =  0.5
```

2 つの事象を表す集合 A と集合 B の共通部分 $A \cap B$ を交事象あるいは積事象と呼ぶ．積事象が空集合のとき，すなわち集合 A と集合 B にともに属する根元事象がないとき，事象 A と事象 B は排反事象 (exclusive events) であると言う．事象 A と事象 B が排反事象であるとき，次式

$$P(A \cup B) = P(A) + P(B) \tag{9.1.1}$$

が成り立つ．

事象 $A \cup B$ は，事象 A または事象 B が生起することを表し，和事象と呼ばれている．

リスト 9.1.2 のスクリプトは，和事象の確率の計算例である．事象「奇数の目が出る」と事象「6 の目が出る」の和事象「奇数の目が出るか 6 の目が出る」の確率を計算している．実行結果は以下のようになり，式 (9.1.1) が確認できる．

```
Prob({'1', '3', '5'}) = 0.5
Prob({'6'}) = 0.16666666666666666
Prob({'1', '3', '5', '6'}) = 0.6666666666666666
```

リスト9.1.2　和事象の確率

```
W = {'1': 1/6, '2': 1/6, '3': 1/6, '4': 1/6, '5': 1/6, '6': 1/6}

def prob( s ):
    v = 0
    for e in s:
        v += W[e]
    return v

kisu = set(['1', '3', '5'])
print('Prob({0}) = {1}'.format(kisu, prob(kisu)))
six = set('6')
print('Prob({0}) = {1}'.format(six, prob(six)))
kisu_or_six = kisu.union(six)
print('Prob({0}) = {1}'.format(kisu_or_six, prob(kisu_or_six)))
```

サイコロの目が1である確率は，奇数の目が出るという条件の下では高くなる．奇数の目が出るという条件の下では，奇数の目が出るが全事象となり，その中で1の目が出るという事象を考えることになる．したがって，確率は奇数の目が出る確率を1として，それに対して1の目が出る確率を考えることになるので，次式

$$\frac{P(1の目が出る)}{P(奇数の目が出る)} = \frac{\frac{1}{6}}{\frac{1}{2}} = \frac{1}{3}$$

で与えられる．

一般に，事象Aが事象Bの下で生起する確率は，事象Bを全事象と考えて，その中で事象Aを考えることになる．すなわち，事象Aの事象Bの下での確率$P(A|B)$は，確率$P(B)$における確率$P(A \cap B)$の割合で与えられる．

$$P(A|B) = \frac{P(A \cap B)}{P(B)}$$

である．

サイコロの目の数が3の倍数であるという事象を事象A，奇数であるという事象

を事象 B としてみる．このとき，

$$P(3\text{の倍数} \mid \text{奇数}) = \frac{P(3\text{の倍数かつ奇数})}{P(\text{奇数})} = \frac{1}{3}$$

となる．上の計算をリスト 9.1.3 のスクリプトで確認することができる．

リスト 9.1.3　条件付確率の計算

```
W = {'1': 1/6, '2': 1/6, '3': 1/6, '4': 1/6, '5': 1/6, '6': 1/6}

def prob( s ):
    v = 0
    for e in s:
        v += W[e]
    return v

B = set(['1', '3', '5'])
print('B = ', B)
print('Prob(B) = {0}'.format(prob(B)))
A = set(['3', '6'])
print('A = ', A)
print('Prob(A) = {0}'.format(prob(A)))
AandB = A.intersection(B)
print('A and B = ', AandB)
print('P(A|B) = {0}'.format(prob(AandB) / prob(B)))
```

実行結果は以下のようになる．

```
B =  {'1', '5', '3'}
Prob(B) = 0.5
A =  {'3', '6'}
Prob(A) = 0.3333333333333333
A and B =  {'3'}
P(A|B) = 0.3333333333333333
```

上の事象 A「3 の倍数」と事象 B「奇数」の場合，事象 A の確率は事象 B の下でも変わらない．すなわち，

$$P(A \mid B) = P(A)$$

が成り立っている．このとき，次式

$$P(B \mid A) = P(B), \quad P(A \cap B) = P(A)P(B)$$

が成り立っていて，事象 A と事象 B は独立であると言う．事象が独立であるとは，

それらが同時に生起する確率が各事象の生起確率の積で表されるということであり，それらの間の条件付確率は条件を付けないときの確率に等しい．

集合演算

離散事象の計算は，集合の演算で行われる．Python における集合演算の一部を，表 9.1.1 に挙げておく．使用例をリスト 9.1.4 に，その実行結果をリスト 9.1.5 に示す．

表 9.1.1　集合の演算

スクリプト	意味
set([a1, …, an])	a1,…, an を要素とする集合を生成
x in S	要素 x が集合 S に属するとき True，そうでなければ False
x not in S	要素 x が集合 S に属さないとき True，そうでなければ False
A | B	A と B の和集合
A & B	A と B の共通部分
A − B	A の要素であって，B の要素でないものの集合
A ^ B	(A | B) − (A & B)

リスト 9.1.4　集合演算

```
W = set(range(1, 7))
print('W = ', W)
K = set([1, 3, 5])
print('K = ', K)
print('1 in W ? ', 1 in W)
print('3 not in W ? ', 3 not in W)
G = set([2, 4, 6])
print('G = ', G)
A = K | G
print('A = K | G = ', A)
AB = A & K
print('A & K = ', AB)
K2 = K | {2}
print('K = ', K)
print('K2 = ', K2)
K2_56 = K2 - {5} | {6}
print('K2_56 = ', K2_56)
SimDiff = K2 ^ K2_56
print('SimDiff = ', SimDiff)
```

リスト 9.1.5　リスト 9.1.4 の実行結果

```
W = {1, 2, 3, 4, 5, 6}
K = {1, 3, 5}
1 in W ? True
3 not in W ? False
G = {2, 4, 6}
A = K | G = {1, 2, 3, 4, 5, 6}
A & K = {1, 3, 5}
K = {1, 3, 5}
K2 = {1, 2, 3, 5}
K2_56 = {1, 2, 3, 6}
SimDiff = {5, 6}
```

9.2　連続確率分布

　事象が連続量で表されるとき，例えば 20 歳の男子の身長の場合，多くの値は 170cm を中心として 6cm ぐらいの増減幅内の値をとるが，その値は理論的には連続的に滑らかに繋がった実数値の 1 つの値である．上の離散事象のように，根元事象を考えて確率を与えることができない．このような連続量をとる事象の場合は，事象の値，いまの場合では身長の値を変数 X で表したとき，X がある範囲にある確率を考える．身長が 165cm 以上で 180cm 以下である確率を，各値の確からしさを表す関数(確率密度関数と呼ぶ)を設定して，区間 165cm から 180cm までの確率密度関数と X 軸とで挟まれた面積で与える(図 9.2.1)．図 9.2.1 では，確率密度関数として正規分布関数と呼ばれている次式

$$f(X) = \frac{1}{\sqrt{2\pi}\sigma} \exp\left\{ -\frac{1}{2}\left(\frac{X-\mu}{\sigma}\right)^2 \right\}$$

が用いられている．ただし，図 9.2.1 の場合，

$$\mu = 170, \qquad \sigma = 6$$

である．このとき，身長が区間 165cm から 180cm までの確率は，次式

$$\int_{165}^{180} f(X)\,dX = \int_{165}^{180} \frac{1}{\sqrt{2\pi}6} \exp\left\{ -\frac{1}{2}\left(\frac{X-170}{6}\right)^2 \right\} dX$$

で与えられる．上式の積分の値を Python で求めるスクリプトをリスト 9.2.1 に示す．正規分布の確率密度関数を与えるクラス型 normal を用意して，関数 scipy.integrate.quad によって積分値を算出している．関数 quad は，

quad（被積分関数，下端，上端）

の形で用いると，関数値としてタプル（積分値，誤差）が返される．リスト 9.2.1 のスクリプトを実行すると

p = 0.7498812667635423

を得る．すなわち，
$$P(165 < X < 180) \approx 0.75$$
である．図 9.2.1 で設定されている確率分布関数の場合，75％の確率で 165cm 以上 180cm 以下である．

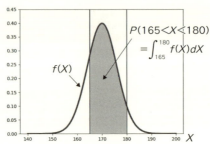

図 9.2.1　確率分布関数 $f(X)$ と確率 $P(165 < X < 180)$

リスト 9.2.1　正規分布の確率を求めるスクリプト例

```
import scipy.integrate as scInt
import numpy as np
import math

class normal:
    def __init__(self, m, s):
        self.m = m
        self.s = s

    def f(self, x):
        return math.exp(-0.5 * (((x - self.m) / self.s) ** 2)) ¥
            / (((2 * np.pi) ** 0.5) * self.s)

fnormal = normal(170, 6)
p, e = scInt.quad( fnormal.f, 165, 180)
print('p = ', p)
```

2変量以上の連続量の確率の場合も同様である．例えば，身長 X(cm) と体重 Y (kg) という2変量の場合は，X と Y の2変量の確率密度関数 $f(X, Y)$ を設定して，「165cm＜身長＜180cm，55kg＜体重＜70kg」の確率を XY 平面と曲面 $f(X, Y)$ で挟まれた領域

$$R = \{(x, y) \mid 165 < x < 180, 55 < y < 70\}$$

上の体積で表す．すなわち，

$$P(165\text{cm} < 身長 < 180\text{cm},\ 55\text{kg} < 体重 < 70\text{kg}) = \iint_R f(X, Y) dX dY \quad (9.2.1)$$

である．式(9.2.1)において，2変量の確率密度関数として代表的な2変量正規分布

$$f(v) = \frac{1}{2\pi\sqrt{|\Sigma|}} \exp\left(-\frac{1}{2}(v-\mu)' \Sigma^{-1}(v-\mu)\right)$$

を用いると，図9.2.2のようになる．ただし，

$$v = \begin{bmatrix} x \\ y \end{bmatrix}, \quad \mu = \begin{bmatrix} m_x \\ m_y \end{bmatrix}, \quad \Sigma = \begin{bmatrix} \sigma_x^2 & \rho\sigma_x\sigma_y \\ \rho\sigma_x\sigma_y & \sigma_y^2 \end{bmatrix}$$

$$m_x = 170,\ \sigma_x = 6,\ m_y = 63,\ \sigma_y = 10,\ \rho = 0.5$$

である．図9.2.2を描いたスクリプトをリスト9.2.2に示す．

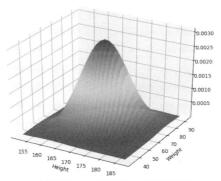

x=143.843, y=75.2693, z=0.00383642
図 9.2.2　2変量正規分布による表示

リスト 9.2.2　2変量正規分布の描画スクリプト

```
from mpl_toolkits.mplot3d import Axes3D
import matplotlib.pyplot as plt
import numpy as np
import math
```

```python
mx = 170
sx = 6
my = 63
sy = 10
rho = 0.5

class BiVarNorm:
    def __init__(self, mx, sx, my, sy, rho):
        self.mx = mx
        self.sx = sx
        self.my = my
        self.sy = sy
        self.rho = rho
        sgm = np.array([[sx ** 2, rho * sx * sy],
                        [rho * sx * sy, sy ** 2]])
        self.coeff = 1.0 / (2 * np.pi * (np.linalg.det(sgm) ** 0.5))
        self.InvSgm = np.linalg.inv(sgm)

    def value(self, x, y):
        x_m = np.array([[x - self.mx], [y - self.my]])
        t = (x_m.transpose() @ self.InvSgm @ x_m)[0][0]
        return self.coeff * math.exp(-0.5 * t)

fig = plt.figure()
ax = Axes3D(fig)
X = np.arange(mx - 3 * sx, mx + 3 * sx, 1.0)
Y = np.arange(my - 3 * sy, my + 3 * sy, 0.5)
Xg, Yg = np.meshgrid(X, Y)
bi_norm = BiVarNorm(mx, sx, my, sy, rho)
Z = []
pos = -1
for y in Y:
    Z.append([])
    pos += 1
    for x in X:
        Z[pos].append(bi_norm.value(x, y))
Zg = np.array(Z)
plt.xlabel('Height')
plt.ylabel('Weight')
ax.plot_surface(Xg, Yg, Zg, rstride = 1, cstride = 1, cmap = plt.cm.coolwarm)
plt.show()
```

式(9.2.1)の確率は，リスト9.2.3のスクリプトにおいて2重積分を行う関数dblquadを

```
v, e = scipy.integrate.dblquad(func.value, 55.0, 70.0, gfunc, hfunc)
```

と呼び出して計算している．関数 dblquad は関数値としてタプル（確率，誤差）を返す．リスト 9.2.3 のスクリプトを実行すると

```
v = 0.43151506269116685    e = 4.790779580723013e-15
```

が出力される．式 (9.2.1) の確率 $P(165\text{cm} < 身長 < 180\text{cm},\ 55\text{kg} < 体重 < 70\text{kg})$ は，約 43% である．

リスト 9.2.3　2 重積分を用いた 2 変量の確率計算

```python
import numpy as np
import math
import scipy.integrate as si

mx = 170
sx = 6
my = 63
sy = 10
rho = 0.5

class BiVarNorm:
    def __init__(self, mx, sx, my, sy, rho):
        self.mx = mx
        self.sx = sx
        self.my = my
        self.sy = sy
        self.rho = rho
        sgm = np.array([[sx ** 2, rho * sx * sy],
                        [rho * sx * sy, sy ** 2]])
        self.coeff = 1.0 / (2 * np.pi * (np.linalg.det(sgm) ** 0.5))
        self.InvSgm = np.linalg.inv(sgm)


    def value(self, x, y):
        x_m = np.array([[x - self.mx], [y - self.my]])
        t = (x_m.transpose() @ self.InvSgm @ x_m)[0][0]
        return self.coeff * math.exp(-0.5 * t)

def gfunc( y ):
    return 165.0

def hfunc( y ):
```

```
        return 180.0
func = BiVarNorm(mx, sx, my, sy, rho)
v, e = si.dblquad(func.value, 55.0, 70.0, gfunc, hfunc)
print('v = ', v, '  e = ', e)
```

　2変量XとYの確率密度関数が$f(x, y)$であるとする．このとき，2変量の1つの1変量XあるいはYに注目して，それぞれの確率密度関数を$f(x)$あるいは$f(y)$で表すとき，次式が成り立つ．

$$f(x) = \int_{R_y} f(x, y)\,dy, \qquad f(y) = \int_{R_x} f(x, y)\,dx$$

ここで，R_xおよびR_yは，変量XあるいはYの値の全域にわたる領域である．確率密度関数$f(x)$あるいは$f(y)$を周辺密度関数 (marginal density distribution)，$f(x, y)$を同時密度関数 (joint density function) と呼ぶ．

　1つの変数の確率分布を他の変数の値を固定した条件の下で考えるとき，条件付確率密度関数が得られる．例えば，変量Xの確率分布を変量Yの値が$Y=y$の下で考える．この条件$Y=y$の下での変量Xの確率密度関数を$f(x|y)$で表すと，次式

$$f(x|y) = \frac{f(x, y)}{f(y)}$$

で与えられる．条件$X=x$の下での変量Yの確率密度関数を$f(y|x)$で表せば，

$$f(y|x) = \frac{f(x, y)}{f(x)}$$

である．

　同時密度関数が周辺密度関数の積

$$f(x, y) = f(x)f(y)$$

で表されるとき，

$$f(x|y) = f(x), \qquad f(y|x) = f(y)$$

が成り立つ．このとき，2つの確率変数XとYは独立であると言う．変数のとる値あるいは値の範囲の確率が計算できる変数は，確率変数と呼ばれている．

　2変量正規分布

$$f(v) = \frac{1}{2\pi\sqrt{|\Sigma|}} \exp\left(-\frac{1}{2}(v-\mu)'\,\Sigma^{-1}(v-\mu)\right)$$

において,
$$m_x = m_y = 0, \quad \sigma_x = \sigma_y = 1, \quad \rho = 0$$
とおくと,
$$f(x, y) = \frac{1}{2\pi} \exp\left[-\frac{1}{2}(x^2 + y^2)\right] = f(x)f(y)$$
となる.ここで,
$$f(x) = \frac{1}{\sqrt{2\pi}} \exp\left(-\frac{1}{2}x^2\right), \quad f(y) = \frac{1}{\sqrt{2\pi}} \exp\left(-\frac{1}{2}y^2\right)$$
であり,標準正規分布関数である.2変量正規分布において,相関係数が0であることと,独立であることとは同じである.

以上では,2つの確率変数の場合について説明したが,3つ以上の場合も同様に考える.確率変数がp個の場合は,p変数の確率密度関数$f(x_1, \cdots, x_p)$を考える.簡潔な解説が,岡本(2008, 2009)などにある.

9.3 乱数・確率分布・シミュレーション

乱数は,コンピュータシミュレーションにおける1つの強力なツールであり,種々の確率分布に従う乱数を容易に用いることができる.まず,乱数について説明する.

確率変数の系列
$$X_1, X_2, \cdots, X_i, \cdots$$
が独立で同じ確率分布に従うとする.このとき各X_iの独立な実現値x_iの系列
$$x_1, x_2, \cdots, x_i, \cdots$$
を乱数(random number)と言う.簡単に言えば,ある確率に従ってとられた独立な値の系列である.コンピュータ上でプログラムによって生成される場合には,プログラムという手続きの決まった方法(アルゴリズム)で生成されるので,独立な値の系列ではないが,あたかも乱数であるかのように数値の系列を生成することができる.このような系列の数値は疑似乱数(pseudorandom number)と呼ばれている.本書では,疑似乱数を簡単に乱数と呼ぶ.

パッケージNumpyには,乱数の関数も豊富に用意されている.基本になる乱数として一様乱数がある.区間$[0, 1]$での一様乱数の確率密度関数は,次式

$$U(x) = \begin{cases} 1 & 0 \leq x < 1 \\ 0 & 上記以外 \end{cases}$$

で与えられる（図9.3.1）．区間［0, 1］上のどの値も同じ確率でとり得る分布である．この一様乱数を与える関数としてnumpy.random.random()がある．リスト9.3.1では，スクリプト

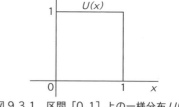

図9.3.1　区間［0, 1］上の一様分布 $U(x)$

```
X.append(npr.random())
```

によってリスト X に関数 random() で呼び出した乱数を格納して，呼出し回数を横軸にとり，各回数において呼び出された乱数を縦軸にとって表示するものである．リスト9.3.1のスクリプトを実行すると，図9.3.2のグラフが表示される．

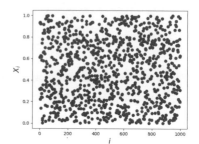

図9.3.2　一様乱数呼出しの時系列表示

区間［0, 1］上の値がランダムに一様に生成されていることがわかる．

リスト9.3.1　一様乱数 random() の呼出し

```
import numpy.random as npr
import matplotlib.pyplot as plt

time = []
X = []
for i in range(1000):
    time.append(i)
    X.append(npr.random())

plt.xlabel('$i$', fontsize = 16)
plt.ylabel('$X_i$', fontsize = 16)
plt.plot(time, X, 'bo')
plt.show()
```

生成した乱数のヒストグラムを描くスクリプトをリスト9.3.2に示す．実行すると図9.3.3のようなグラフが描画される．ヒストグラムはリスト9.3.2のスクリプトの実行ごとに異なるが，これは乱数の初期値が実行ごとに異なるからである．初期

値は，関数 seed を

```
numpy.random.seed(123456789)
```

と呼び出すと，seed の実引数に対応して初期値が設定される．関数 seed を呼び出してから実行する場合，繰り返しリスト 9.3.2 のスクリプトを実行しても毎回同じヒストグラムが得られる．

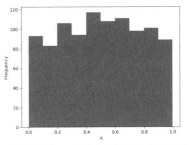

図 9.3.3 一様分布のヒストグラム例

リスト 9.3.2 一様乱数サンプルのヒストグラム描画スクリプト

```
import numpy.random as npr
import matplotlib.pyplot as plt

time = []
X = []
#   npr.seed(123456789)
for i in range(1000):
    time.append(i)
    X.append(npr.random())

plt.xlabel('X')
plt.ylabel('Frequency')
plt.hist(X)
plt.show()
```

乱数が各回独立に生成されているかどうかのチェックのために，i 回目の乱数 X_i と $(i+1)$ 回目の乱数 X_{i+1} の関係を見る (X_i, X_{i+1}) の散布図を描くスクリプト（リスト 9.3.3）を用意した．実行すると図 9.3.4 の散布図を得る．

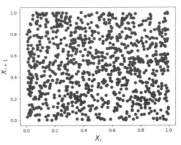

図 9.3.4 乱数の独立性を見る散布図

リスト 9.3.3　乱数の独立性を見る散布図を描くスクリプト

```
import random
import matplotlib.pyplot as plt

X = []
Y = []
for i in range(1000):
    X.append(random.random())
    Y.append(random.random())

plt.xlabel('$X_i$', fontsize = 16)
plt.ylabel('$X_{i+1}$', fontsize = 16)
plt.plot(X, Y, 'bo')
plt.show()
```

　事象がランダムに一様に生起するとき，直感的には一様に生起しているようには見えない．このことを示すシミュレーションスクリプトをリスト 9.3.4 に示す．リスト 9.3.4 のスクリプトでは時刻 i における事象の生起確率を一定 0.05 に設定してシミュレーションを行っている．スクリプトでは，

```
X = []
for i in range(2000):
    v = npr.random()
    if v < 0.05:
        e = '+'
    else:
        e = '-'
    X.append(e)
    print(e, end = '')
```

となっているので，毎回確率 0.05 で「+」で表される事象が生起する．実行すると図 9.3.5 の画面になる．「+」がグループとしてまとまって生起している様子が認められる．つまり，事象の生起が確率的に独立であっても，観察される事象の生起は互いに関係があるように見える．リスト 9.3.4 のスクリプトを実行すると事象の生起間隔の頻度を示すグラフも表示される（図 9.3.6）．この分布は，以下に示す理論的に予想されるものに対応している．

リスト 9.3.4　生起確率が一様なイベント系列の生成

```python
import numpy.random as npr
import matplotlib.pyplot as plt
#
#       Generate events
#
X = []
for i in range(2000):
    v = npr.random()
    if v < 0.05:
        e = '+'
    else:
        e = '-'
    X.append(e)
    print(e, end = '')
#
#       The first occurrence
#
start = 0
while True:
    if X[start] == '+':
        break
    start += 1
    if start >= len(X):
        break
#
#       The second occurrence
#
pnext = start + 1
while True:
    if pnext >= len(X):
        break
    if X[pnext] == '+':
        break
    pnext += 1
#
#       Check intervals
#
interval = []
while True:
    #   print('pnext = ', pnext)
    if pnext >= len(X):
        break
    while True:
        if X[pnext] == '+':
```

```
            interval.append(pnext - start)
            break
        pnext += 1
        if pnext >= len(X):
            break
    start = pnext
    pnext += 1

print('Intervals = ', interval)

plt.xlabel('Length of interval', fontsize = 16)
plt.ylabel('Frequency', fontsize = 16)
plt.hist(interval)
plt.show()
```

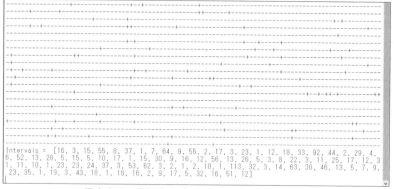

図 9.3.5　生起確率が一様な事象の生起パターン

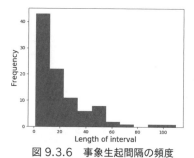

図 9.3.6　事象生起間隔の頻度

いま，各回における事象生起の確率をpとおき，各回の事象生起が独立であるとする．このとき，第i回目に事象が生起したという条件の下で，次に生起するのが第j回目である確率は，次式

$$P(X_j = +, X_{j-1} = -, \cdots | X_i = +) = p \times (1-p)^{j-i-1}$$

で与えられる．すなわち，確率は指数関数的に減少している．

パッケージ Numpy には乱数の関数も豊富に用意されているが，1変量正規分布と2変量正規分布の使用例を以下に示す．

前節の図 9.2.1 では，確率密度関数として正規分布関数と呼ばれている次式

$$f(X) = \frac{1}{\sqrt{2\pi}\sigma} \exp\left\{-\frac{1}{2}\left(\frac{X-\mu}{\sigma}\right)^2\right\}$$

が用いられていた．ただし，

$$\mu = 170, \quad \sigma = 6$$

である．

1変量の正規分布に従う乱数は，関数 numpy.random.normal によって得ることができる．リスト 9.3.5 に使用例を示す．

リスト 9.3.5　1変量正規乱数の使用例

```python
import scipy.integrate as sclnt
import math
import numpy as np
import numpy.random as npr
import matplotlib.pyplot as plt

mu = 170.0
sgm = 6.0

class CumNormal:
    def __init__(self, mu, sgm):
        self.mu = mu
        self.sgm = sgm

    def normal(self, x):
        return math.exp(-0.5 * (((x - self.mu) / sgm) ** 2)) \
            / (((2 * np.pi) ** 0.5) * sgm)

    def v(self, x):
        t, e = sclnt.quad(self.normal, -np.inf, x)
        return t
```

```
nsamples = 1000
X = []
for i in range(nsamples):
    X.append(npr.normal(loc = mu, scale = sgm))

plt.hist(X)
plt.show()

X.sort()

cum_normal = CumNormal(mu, sgm)
Prop = []
CumP = []
cum = 1
for v in X:
    Prop.append(cum / nsamples)
    cum += 1
    CumP.append(cum_normal.v(v))

plt.plot(X, Prop, 'b-')
plt.plot(X, CumP, 'b--')
plt.show()
```

リスト9.3.5では，スクリプト

```
mu = 170.0
sgm = 6.0

nsamples = 1000
X = []
for i in range(nsamples):
    X.append(npr.normal(loc = mu, scale = sgm))
```

によって，平均170，標準偏差6の正規乱数を1000個生成している．まず，生成した乱数のヒストグラムが表示される（図9.3.7）．ヒストグラムのフォームを閉じると，次に累積度数の比率（実線）と累積分布関数（破線）のグラフが表示される（図9.3.8）．シミュレーションにはランダムな変動が伴うが，累積度数をとるとランダムな変動が足し合わされて弱められる効果がある．図9.3.8における2つの曲線は，よく一致している．

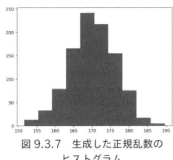

図 9.3.7 生成した正規乱数の
ヒストグラム

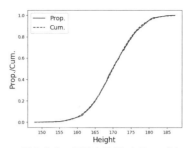

図 9.3.8 累積度数(比率 Prop.)と
累積確率分布関数(Cum.)

2変量正規分布に従う乱数を生成する関数として numpy.random.multivariate_normal がある.この乱数生成関数を用いて,前節の確率

$$P(165\text{cm} < 身長 < 180\text{cm},\ 55\text{kg} < 体重 < 70\text{kg})$$

の推定を行うスクリプトをリスト 9.3.6 に示す.次のスクリプト

```
n = 10000
count = 0
for i in range(n):
    v  = npr.multivariate_normal(mean, cov)
    if (165 < v[0]) and (v[0] < 180) ¥
        and (55 < v[1]) and (v[1] < 70):
        count += 1
```

によって,領域「165cm＜身長＜180cm,55kg＜体重＜70kg」内に入る乱数の数を数えて,スクリプト

```
print('P = ', count/n)
```

により,確率の推定値を出力している.

リスト 9.3.6 乱数生成によるシミュレーションで確率を推定するスクリプト

```
import numpy as np
import numpy.random as npr
import matplotlib.pyplot as plt


mean = [170, 63]
sd_x = 6.0
```

```
sd_y = 10.0
rho = 0.5
cov = [[sd_x ** 2, rho * sd_x * sd_y],
       [rho * sd_x * sd_y, sd_y ** 2]]

v = npr.multivariate_normal(mean, cov)
print(v)

X = []
Y = []
for i in range(1000):
    v  = npr.multivariate_normal(mean, cov)
    X.append(v[0])
    Y.append(v[1])

plt.xlabel('Height', fontsize = 16)
plt.ylabel('Weight', fontsize = 16)
plt.plot(X, Y, 'bo')
plt.show()

n = 10000
count = 0
for i in range(n):
    v  = npr.multivariate_normal(mean, cov)
    if (165 < v[0]) and (v[0] < 180) ¥
        and (55 < v[1]) and (v[1] < 70):
            count += 1

print('P = ', count/n)
```

リスト 9.3.6 のスクリプトを実行すると，まず散布図が表示される（図 9.3.9）．この散布図のフォームを閉じると，乱数のサンプリングによる確率推定の計算が始まり，計算結果が

```
P =  0.4284
```

と表示される．約 43%で，式 (9.2.1) の右辺の計算を関数 dblquad で求めた値によく対応している．

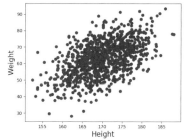

図 9.3.9　2 変量正規分布のサンプル散布図

乱数生成用関数は，numpy に豊富に用意されている．説明は次のウェブサイトから得ることができる．

・https://docs.scipy.org/doc/numpy/reference/routines.random.html

Numpy の説明は，次のウェブサイトにある．

・https://docs.scipy.org/doc/

9.4　ベ イ ズ 分 析

データを確率モデルに基づいて分析するときは，設定された確率モデルに従ってデータが生成されたと考える．例えば，コイン投げの場合，コインを投げたときに表が出る確率を θ とおけば，

$$P(\text{表}) = \theta$$

である．いま，第 i 回目（第 i 試行目）で表が出たとき 1，裏が出たとき 0 をとる変数（確率が与えられるので確率変数と呼ぶ）を X_i で表すと

$$X_i = \begin{cases} 1 & \text{第 } i \text{ 回目に表が出た} \\ 0 & \text{第 } i \text{ 回目に裏が出た} \end{cases}$$

である．このとき，

$$P(X_i) = \theta^{X_i}(1-\theta)^{1-X_i} \tag{9.4.1}$$

と書くことができる．分布 (9.4.1) は，ベルヌーイ分布（Bernoulli distribution）と呼ばれている．

N 回のコイン投げの結果を，$X_1, X_2, \cdots, X_N$ で表すと，各回の結果は独立であると考えて

$$P(X_1, X_2, \cdots, X_N) = \theta^{X_1}(1-\theta)^{1-X_1}\theta^{X_2}(1-\theta)^{1-X_2}\cdots\theta^{X_N}(1-\theta)^{1-X_N}$$
$$= \theta^{\Sigma_{i=1}^{N} X_i}(1-\theta)^{N-\Sigma_{i=1}^{N} X_i}$$

を得る.N回のコイン投げにおいて表の出た回数をkとおくと

$$P(X_1, X_2, \cdots, X_N) = \theta^k(1-\theta)^{N-k} \tag{9.4.2}$$

となる.何回目に何が出たかということは無視して,表が出た回数のみに注目すると

$$P\left(\sum_{i=1}^{N} X_i = k\right) = \binom{N}{k}\theta^k(1-\theta)^{N-k} \tag{9.4.3}$$

となる.ここで,

$$\binom{N}{k} = {}_NC_k$$

は,N個のものからk個を取り出す組合せの総数を表す.分布(9.4.3)は2項分布(binomial distribution)と呼ばれている.

モデル(9.4.2)あるいは(9.4.3)の下で,パラメータθの値の推定を,表の出た回数の割合で推定する方法がある.推定値をパラメータの上に ^ を付けて表すと,

$$\hat{\theta} = \frac{k}{N} \tag{9.4.4}$$

である.10回コインを投げて7回表が出れば,

$$\hat{\theta} = \frac{7}{10} = 0.7$$

となる.平均値など,データのべき乗の平均値(期待値)はモーメントと呼ばれているが,式(9.4.4)のようにモーメントを用いる推定法はモーメント法と呼ばれている.式(9.4.4)の右辺の比率の値は,コインを投げる回数を増やしていくとθに近づいていく(大数の法則).このことは,リスト9.4.1のスクリプトによるシミュレーションで確認できる.

リスト9.4.1 大数の法則

```
import random
import time
import matplotlib.pyplot as plt
import numpy.random as npr

theta = 0.5
```

```
def throw_coin():
    if npr.random() < theta:
        X = 1
    else:
        X = 0
    return X

sum = 0
T = []
mean = []
for i in range(10000):
    X = throw_coin()
    T.append(i)
    sum += X
    mean.append(sum / (i + 1))

plt.xlabel('trial', fontsize = 16)
plt.ylabel('mean', fontsize = 16)
plt.title('$¥¥theta$ = {}'.format(theta), fontsize = 20)
plt.ylim(0.0, 1.0)
plt.plot(T, mean, 'b-')
plt.plot([0, 9999], [0.5, 0.5], 'b--')
plt.show()
```

次のスクリプト

```
def throw_coin():
    if npr.random() < theta:
        X = 1
    else:
        X = 0
    return X
```

により，関数 throw_coin が呼び出されるごとに，確率 theta で 1 が返される．スクリプトを実行すると，図 9.4.1 のフォームが表示される．式 (9.4.4) の値がパラメータの値 $\theta = 0.5$ に近づいていくことがわかる．スクリプト実行ごとに乱数の初期値が変わるので，図 9.4.1 のグラフの様子も毎回異なるが，式 (9.4.4) の値がパラメータの値 $\theta = 0.5$ に近づくことは確認できる．

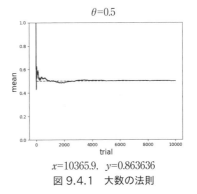

$x=10365.9, \quad y=0.863636$

図 9.4.1　大数の法則

パラメータ値の推定を，データを生成する確率が最大になるように選ぶ方法がある．最尤法と呼ばれているこの方法では，データ，いまの場合は N 回コインを投げたところ k 回表が出たというコイン投げの結果が与えられたとき，このデータに対して確率の式(9.4.2)あるいは(9.4.3)が最大になる値を，パラメータの推定値とする．例えば，式(9.4.3)を，パラメータ θ に対するデータ k の確率として

$$P(k|\theta) = \left(\sum_{i=1}^{N} X_i = k\right) = \binom{N}{k}\theta^k(1-\theta)^{N-k} \tag{9.4.5}$$

と書いたとき，データ k が与えられたという条件の下では k は固定されており，θ の関数である．式(9.4.5)を，データ k が与えられたという条件の下での θ の関数と見て，

$$L(\theta|k) = P(k|\theta) \tag{9.4.6}$$

と書く．関数(9.4.6)を，尤度関数(likelihood function)と呼ぶ．最尤法では，尤度関数を最大にするパラメータ値を推定値 $\hat{\theta}$ とし，最尤推定値(maximum likelihood estimator: MLE)と呼ぶ．すなわち

$$\hat{\theta} = Arg\max L(\theta|k)$$

である．

最尤法，あるいはモーメント法では，データを生成する確率モデル $P(データ|パラメータ)$ が設定され，このモデルに基づいて推定が行われる．確率を設定する対象は，事象「データ」である．確率を設定する対象を拡大して，「パラメータ」を含めた「データとパラメータ」に対して確率を設定して分析を行う方法が，ベイズ分析法(Bayesian analysis)である．ベイズ分析法では，確率は事象(データ，パラメータ)に対して次式で設定される．

$$P(D,\theta) = P(\theta)P(D|\theta) \tag{9.4.7}$$

ここで，D はデータ，θ はパラメータを表す．データ D あるいはパラメータ θ は，それぞれ複数の要素を含むときは多次元ベクトルである．確率 $P(D|\theta)$ は，モーメント法あるいは最尤法におけるデータ D の生成モデルである．これとパラメータの確率 $P(\theta)$ との積として (D,θ) の確率が設定される．

モデル(9.4.7)の下で，データ D が与えられたという条件の下でのパラメータ θ の条件付確率は

$$P(\theta|D) = \frac{P(D,\theta)}{P(D)} = \frac{P(\theta)P(D|\theta)}{P(D)} \tag{9.4.8}$$

で与えられる．条件付確率の式(9.4.8)は，ベイズの定理(Bayes' rule)と呼ばれることがある．式(9.4.8)の左辺は，パラメータθの関数である．右辺の式の分母には，パラメータθが含まれていない．したがって，左辺は，右辺のパラメータθの関数である分子に比例している．式(9.4.8)は，次式(9.4.9)

$$P(\theta \mid D) \propto P(\theta) P(D \mid \theta) \tag{9.4.9}$$

の形で書かれることが多い．確率$P(\theta \mid D)$は，データが得られたという条件での確率分布なので事後分布(posterior distribution)と呼ばれている．確率分布$P(\theta)$は事前分布(prior distribution)と呼ばれている．確率$P(D \mid \theta)$は尤度関数(式(9.4.6)参照)であり，$L(\theta \mid D)$と書くことができる．すなわち，

$$P(\theta \mid D) \propto P(\theta) L(\theta \mid D) \tag{9.4.10}$$

である．事前分布として一様分布を選ぶと，式(9.4.10)は

$$P(\theta \mid D) \propto L(\theta \mid D) \tag{9.4.11}$$

となり，事後分布は尤度関数に比例する．

ベイズ分析とは，データDが与えられたとき，事後確率分布$P(\theta \mid D)$を求め，それに基づいて種々の分析を行うものである．データに対する確率モデルを，パラメータを含めた事象(D, θ)の確率モデルに拡張することにより，データから得られる情報をパラメータθの事後分布という形で表し，次章以降で説明するサンプリングによる事後確率分布の推定が行われる．今日のコンピュータでは，サンプリングというシミュレーションの実用性が高まったので，ベイズ分析法が広く用いられるようになった．

確率$P(D \mid \theta)$は，データ生成モデルとして設定され，モーメント法あるいは最尤法におけるものと同じである．事前分布$P(\theta)$は，パラメータθのとり得る値の範囲に関してあらかじめ情報があれば，それに対応する分布，例えば確率であれば0以上1以下の範囲の値をとる分布が設定される．何も制約がない場合，あるいは情報がない場合は，広い範囲で一様な，あるいは一様に近い分布が設定される．コンピュータで扱える数値の範囲は有限であるので，範囲について何も制約を設定しなくても，実質的には有限の範囲を設定していることになる．コンピュータで扱える値の範囲は，図9.4.2のスクリプトの実行例に示されている．約$\pm 10^{307}$内の範囲である．

```
>>> a, b = 1.0e300, -1.0e300
>>> for i in range(20):
        a *= 10
        b *= 10
        print('a = ', a, ' b = ', b)

a =  1e+301                b =  -1e+301
a =  1e+302                b =  -1e+302
a =  1e+303                b =  -1e+303
a =  1e+304                b =  -1e+304
a =  1e+305                b =  -1e+305
a =  9.999999999999999e+305    b =  -9.999999999999999e+305
a =  9.999999999999999e+306    b =  -9.999999999999999e+306
a =  9.999999999999998e+307    b =  -9.999999999999998e+307
a =  inf      b =  -inf
a =  inf      b =  -inf
a =  inf      b =  -inf
a =  inf      b =  -inf
a =  inf      b =  -inf
a =  inf      b =  -inf
a =  inf      b =  -inf
a =  inf      b =  -inf
a =  inf      b =  -inf
a =  inf      b =  -inf
a =  inf      b =  -inf
a =  inf      b =  -inf
>>>
```

図 9.4.2 実数型の数値の範囲

コインを 10 回投げて 7 回表が出たというデータについて，ベイズ分析を行ってみる．事後分布は尤度関数と事前分布の積に比例する形であるので，データ生成の確率モデルは，式(9.4.2)を用いても式(9.4.3)を用いても同じで，次式で与えられる．

$$P(\theta \mid k=7) \propto P(\theta)\theta^7(1-\theta)^{10-7} \tag{9.4.12}$$

パラメータ θ は確率を表すものであるので，0 以上 1 以下という制約はあるが，それ以上の制約，あるいはパラメータについての情報がない場合は，一様分布

$$P(\theta) = \begin{cases} 1 & 0<\theta<1 \\ 0 & それ以外のとき \end{cases}$$

を設定する．このとき，式(9.4.12)は

$$P(\theta \mid k=7) \propto \theta^7(1-\theta)^{10-7} \tag{9.4.13}$$

となる．

事後分布(9.4.13)の場合は，変数は θ の 1 つだけなので，変域を離散点で分割して各離散点(格子点)での値を折れ線で繋ぐことによって事後分布の関数形を描くことができる(グリッド法)．リスト 9.4.2 では，区間 $[0, 1]$ を 0 から 0.001 ステップ

で 1 まで，1001 個の点をとって値を求め，グラフを描いている．実行すると，図 9.4.3 のように描画される．リスト 9.4.2 では，事後分布を描く曲線の下の面積が 1 になるように調整されている．図 9.4.3 のグラフにおいて MAP とあるのは，maximum a posteriori estimator のことで，事後分布のモードを推定値としたものである．事前分布として一様分布を設定したときは，事後分布 $P(\theta \mid D)$ は尤度関数 $L(\theta \mid D)$ に比例するので(式(9.4.11))，MAP 推定値は最尤推定値と同じである．

リスト 9.4.2 グリッド法による事後分布の描画

```
import matplotlib.pyplot as plt
import numpy as np

N = 10
k = 7

def LBinomial( t ):
    return (t ** k) * ((1.0 - t) ** (N - k))

theta = []
p = []

for t in range(1001):
    theta.append(t / 1000)
    p.append(LBinomial(t / 1000))

t_max = 0
p_max = 0
sum = 0.0
for t in range(1001):
    sum += p[t]
    if p[t] > p_max:
        t_max = t
        p_max = p[t]

for t in range(1001):
    p[t] *= 1.0 / (sum * 0.001)

plt.ylim(0.0, 3.5)
plt.vlines([t_max/1000], [0.0], [3.5])
plt.title('MAP of $\\theta$ = {}'.format(t_max/1000), fontsize = 20)
plt.xlabel('$\\theta$', fontsize = 16)
plt.ylabel('$\propto$ Posterior', fontsize = 16)
plt.plot(theta, p, 'b-')
plt.show()
```

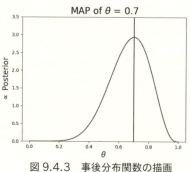

図 9.4.3　事後分布関数の描画

コラム 9.C.1　事後分布の記述

ベイズ分析の基本は，事後分布の推定である．事後分布の位置を表す指標として，平均値，中央値，モード（事後分布の場合は，MAP(maximum a posteriori)と呼ばれる）がある．分布の散らばり具合は，標準偏差あるいは分散，四分位偏差で表すことができる．分布の位置と散らばり具合は，四分位数あるいはパーセンタイルで示すことができる．

伝統的統計学におけるパラメータの区間推定として信頼区間があるが，ベイズ統計の場合は確信区間あるいは最高密度区間がある．確信区間(credible interval)は中心信頼区間(central interval)とも呼ばれ，$(1-\alpha)100\%$確信区間(CI)は，分布の左右からそれぞれ確率$\alpha/2$の領域を除いた区間である（図9.C.1）．

これに対して，最高密度区間(highest density region: HDR)は highest posterior density(HPD) interval とも呼ばれ，$(1-\alpha)100\%$最高密度区間は確率$(1-\alpha)$の区間で，区間内の確率密度の値が区間外の確率密度より高いものである（図C.9.2）．確率$(1-\alpha)$の区間の中で最高密度区間が最も短い．

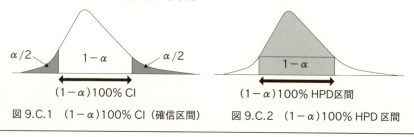

図 9.C.1　$(1-\alpha)100\%$ CI（確信区間）　　図 9.C.2　$(1-\alpha)100\%$ HPD 区間

ベイズ分析では，パラメータ数は数十個，数百個の場合が多い．このときは，グリッド法は非実用的である．事後分布を推定するために，事後分布に従う乱数を生成して分析される．この乱数生成法として Markov chain Monte Carlo(MCMC)法が使われる．MCMC 法のためのソフトウェアとして，次章以降において PyStan(Python 用 Stan)と PyMC(PyMC3 を使用)を取り上げる．Stan は R 用のものもあり，R で開発された Stan スクリプトを Python で使うことができる．PyMC は Python 専用である．

参 考 文 献

岡本安晴(2008)．統計学を学ぶための数学入門[上]．培風館．
岡本安晴(2009)．統計学を学ぶための数学入門[下]．培風館．

第10章　PyStanによる2項分布分析
——Stan入門——

　ベイズ分析における事後分布を推定するライブラリの1つにStanがあり，StanのPython用がPyStanである．PyStanはpipコマンドを

　　pip install pystan

と実行すればインストールできる．

　PyStanに関するドキュメントは，次のウェブサイトから得ることができる．

　・https://pystan.readthedocs.io/en/latest/

また，Stanについてのドキュメントは，次のウェブサイトから得ることができる．

　・http://mc-stan.org/users/documentation/index.html

　Stanでは，事後分布の推定が事後分布に従う乱数を生成して行われるが，このときの乱数はマルコフ鎖によるもので独立ではない．マルコフ鎖では，次の乱数は現在の乱数の値に基づいて生成され，マルコフ鎖による乱数生成はMarkov chain Monte Carlo (MCMC) samplingと呼ばれている．しかし，多数の生成された乱数は，全体としてまとめると事後分布からのサンプルと見なせるようにサンプリングが行われる．このための方法として，StanではHamiltonian Monte Carlo (HMC) samplingと呼ばれている方法が用いられている．

　Stanスクリプトは，関数宣言部(functions｛｝)，データ宣言部(data｛｝)，データ変換部(transformed data｛｝)，パラメータ宣言部(parameters｛｝)，パラメータ変換部(transformed parameters｛｝)，モデル宣言部(model｛｝)，サンプル生成部(generated quantities｛｝)から構成されるが，すべてが必要なわけではない．まず，データ宣言部，パラメータ宣言部とモデル宣言部からなる簡単な場合について説明する．

2項分布モデルによる分析

　第9章9.4節における2項分布

第10章 PyStanによる2項分布分析 ――Stan入門―― 179

$$P\left(\sum_{i=1}^{N} X_i = k\right) = \binom{N}{k}\theta^k(1-\theta)^{N-k}$$
(9.4.3)再掲

を確率モデルとする場合について考える．9.4節では，コインを10回投げたところ7回表が出た場合の確率θをモーメント法によって推定することを説明した．Stanによるベイズ法で分析するときは，Stanスクリプトで2項分布(9.4.3)とデータ(N=10およびk=7)およびパラメータθを宣言すればよい．リスト10.1にStanスクリプトを示す．

リスト10.1　2項分布のStanスクリプト．ファイル名Bin.stan

```
data {
    int N;
    int k;
}
parameters {
    real<lower = 0.0, upper = 1.0> theta;
}
model {
    k ~ binomial (N, theta) ;
}
```

データ宣言部

```
data {
    int N;
    int k;
}
```

で，データ変数Nとkが宣言されている．これらの変数へのデータ値の設定は，Pythonスクリプトで行う．データ値が整数でないときは，データ値の型に応じてint以外になる．各文は，セミコロン'；'で終わっていることに注意．Stanスクリプトは，基本的にC/C++の約束に近い文法で書かれる．

パラメータ宣言部

```
parameters {
    real<lower = 0.0, upper = 1.0> theta;
}
```

では，2項分布のパラメータθを表す変数thetaが宣言されている．実数値をとる型realに対して，確率のパラメータとして下限値が0，上限値が1であることを示

す <lower = 0.0, upper = 1.0> が付けられている．

モデル宣言部

```
model {
    k ~ binomial(N, theta);
}
```

は，データ k が全試行数 N，確率 θ = theta の 2 項分布に従うことを表すものである．

ベイズ分析では，事前確率が必要であるが，これは Stan スクリプトで設定しない場合は，デフォルトとして一様分布がパラメータ値の範囲内で設定される．

リスト 10.1 の Stan スクリプトを実行する Python スクリプトを，リスト 10.2 に示す．

リスト 10.2　リスト 10.1 の Stan スクリプトを実行する Python スクリプト

```
import pystan
import matplotlib.pyplot as plt

Data = {'N': 10, 'k': 7}
sm = pystan.StanModel(file = 'Bin.stan')
fit = sm.sampling(data = Data, n_jobs = 1)
print(fit)
f = open('fit.txt', 'w')
f.write('fit = ¥n {}'.format(fit))
f.close()
fit.plot()
plt.show()
```

Stan スクリプトのデータ宣言部の変数 N と k にデータを設定するための辞書 Data を

```
Data = {'N': 10, 'k': 7}
```

と用意している．辞書のキーとして Stan スクリプトの変数名を引用符 "'" で囲んで用い，データ変数に対応するデータ（Python スクリプトでの変数の場合もある）を指定している．

Stan スクリプトは，コンパイル・ビルドしてから実行される．コンパイル・ビルドを行う pystan の関数 StanModel は，以下のように呼び出す．

```
sm = pystan.StanModel(file = 'Bin.stan')
```

引数 file に Stan スクリプトのファイル名，いまの場合は Bin.stan を指定して関数 StanModel を呼び出すと，Stan スクリプトがコンパイルされて実行用コードが作成され，Stan スクリプトで記述されたモデルのオブジェクトとして sm で表される．このオブジェクトによるサンプリングの実行は，関数 sampling によって行われる．関数 sampling は，必要に応じて引数に値を設定して呼び出されるが，次のスクリプトでは，引数 data と n_jobs が設定されている．

```
fit = sm.sampling(data = Data, n_jobs = 1)
```

引数 data に辞書 Data が指定されているので，Stan スクリプトのデータ N に 10，k に 7 が設定される．また，MCMC によるサンプリングなので，サンプリングの最初の値（初期値）が必要であるが，デフォルトで一様分布からの値が使われる．初期値は引数 init に指定することによって設定できるが，本章の後半で説明する．

引数 n_jobs は，コンピュータ上において同時に実行される MCMC サンプリングの数（マルコフ鎖の数）であるが，Windows の場合は 1 を指定しなければならない (2018 年 5 月現在)．関数 sampling の戻り値として，サンプリングの結果などをまとめたオブジェクトが返される．このオブジェクトは，上のスクリプトでは fit で表されている．

関数 print で

```
print(fit)
```

というように fit を書き出すと，図 10.1 のようにサンプリングの統計量が表示される．

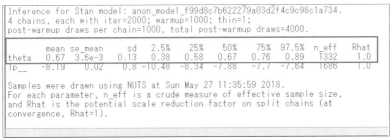

図 10.1 サンプリングオブジェクト fit の print 関数による出力

平均値 (mean)，標準誤差 (se_mean)，標準偏差 (sd)，パーセンタイル値 (2.5%,

25%, 50%, 75%, 97.5%), 実効サンプル数(n_eff), $\hat{R}$ (Rhat)が出力されている. $\hat{R}$ は次式(10.1)で与えられるもので, 複数のマルコフ鎖(デフォルトで4本)を走らせたときのマルコフ鎖間のサンプリング分布の一致度を表す指標である(Gelman ら, 2014).

$$\hat{R} = \sqrt{\frac{\widehat{var^+}(\psi \mid y)}{W}} \tag{10.1}$$

ここで, W は各マルコフ鎖内での変動量を表す. マルコフ鎖間の変動量を B で, 各鎖の長さを n で表したとき, $\widehat{var^+}(\psi \mid y)$ は次式で与えられる.

$$\widehat{var^+}(\psi \mid y) = \frac{(n-1) \times W + 1 \times B}{n}$$

指標 $\hat{R}$ の値は, 原則として 1.1 以下であることが勧められている(Gelman ら, 2014：p. 287). $\hat{R}$ の値が十分に小さくないときは, サンプル数を増やすことになるが, これは関数 sampling の引数 iter の値を設定することによって行える. デフォルト値は 2000 (マルコフ鎖1本あたりの数)である. 図 10.1 では Rhat = 1.0 で十分な値であるが, サンプリング数と Rhat の関係を見るためにサンプル数を少なくしてみる.

サンプル数を10(iter=10)として次のスクリプト

```
fit = sm.sampling(data = Data, n_jobs = 1, iter = 10)
print(fit)
```

を実行すると, 図 10.2 に示す結果となる(サンプリングはランダムであるので, 結果は実行ごとに異なる).

```
Inference for Stan model: anon_model_f99d8c7b622279a03d2f4c9c98c1a734.
4 chains, each with iter=10; warmup=5; thin=1;
post-warmup draws per chain=5, total post-warmup draws=20.

        mean se_mean   sd   2.5%   25%   50%   75%  97.5% n_eff  Rhat
theta   0.61    0.09  0.21  0.26  0.46  0.68  0.78  0.88     5  1.59
lp__   -8.85    0.75   1.5 -12.02 -9.23 -8.14 -7.74 -7.64    4  4.38

Samples were drawn using NUTS at Sun May 27 12:15:51 2018.
For each parameter, n_eff is a crude measure of effective sample size,
and Rhat is the potential scale reduction factor on split chains (at
convergence, Rhat=1).
```

図 10.2　サンプリング数を小さくしたとき(iter=10)の Rhat の値

Rhat の値(=1.59)が図 10.1 に示されているものより大きくなっていることがわ

かる．

サンプリングの結果を表すオブジェクト fit は，ファイルに出力することもできる．次のスクリプト

```
f = open ('fit.txt', 'w')
f.write ('fit = ¥n {} '.format (fit))
f.close ()
```

によって，図 10.1 に示されている内容がファイル（上の場合は，fit.txt）に出力される．

オブジェクト fit にはメソッド plot () が用意されているが，次のスクリプト

```
fit.plot ()
plt.show ()
```

を実行すると，図 10.3 の上のフォームが表示される．図が重なって見難いので，右枠をドラッグすると下の図のように図が横に広がり，見やすくなる．

リスト 10.2 では，Stan スクリプトはファイル Bin.stan として用意されていて，関数 StanModel の実行時にファイルから Stan スクリプトが読み込まれている．Stan スクリプトは，ファイルとして用意するほかに，Python スクリプトにおいて文字列として用意することもできる．リスト 10.3 は，リスト 10.2 のスクリプトを，Python スクリプト内に Stan スクリプトをおく形に改めたものである．

リスト 10.3　Stan スクリプトを Python スクリプト内に記述

```
import pystan
import matplotlib.pyplot as plt


Stan_Model = """
data {
    int N;
    int k;
}
parameters {
    simplex[2] theta;
}
model {
    k ~ binomial(N, theta[1]);
```

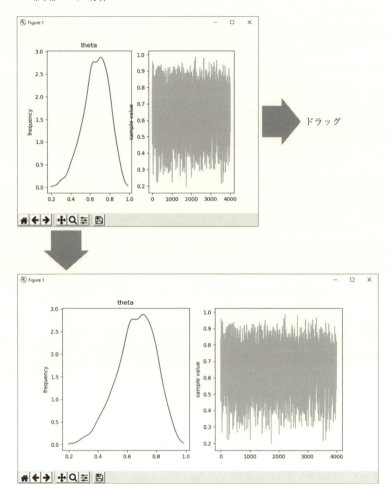

図 10.3 事後分布とサンプリングのグラフ．上のフォームの右枠をドラッグして横に伸ばすと下のフォームになる

```
}
"""

Data = {'N': 10, 'k': 7}
sm = pystan.StanModel(model_code = Stan_Model)
fit = sm.sampling(data = Data, n_jobs = 1)
print(fit)
f = open('fit.txt', 'w')
f.write('fit = ¥n {} '.format(fit))
```

```
f.close()
fit.plot()
plt.show()
```

Stanスクリプトを文字列データとして変数 Stan_Model で表し，関数 StanModel の呼出しにおいて，次のスクリプト

```
sm = pystan.StanModel (model_code = Stan_Model)
```

に示されているように，引数 model_code の値として Stan スクリプトの記述された文字列の変数を設定している．Stan スクリプトが Python スクリプト内において文字列として与えられていることを除いて，リスト 10.3 はリスト 10.2 と同じである．

Stan によるサンプリングがうまくいかないときは，初期値を適切な値に設定すると解決することがある．リスト 10.2 のスクリプトにおいて，初期値を設定する場合をリスト 10.4 に示す．

リスト 10.4　初期値の設定
```
import pystan
import matplotlib.pyplot as plt

Data = {'N': 10, 'k': 7}
sm = pystan.StanModel(file = 'Bin.stan')

def f_init():
    return dict( {'theta': 0.5} )

fit = sm.sampling(data = Data, n_jobs = 1, init = f_init)
print(fit)
f = open('fit.txt', 'w')
f.write('fit = ¥n {} '.format(fit))
f.close()
fit.plot()
plt.show()
```

リスト 10.4 では，初期値を設定する関数 f_init を次のように用意している．

```
def f_init():
    return dict ( {'theta': 0.5} )
```

この関数は，初期値を与える辞書を関数値として返す．Stan スクリプトにおけるパラメータ名を引用符 '" ' で挟んで文字列としたものを辞書のキーとしている．この関数をサンプリングの実行時に次のように引数 init の値としている．

```
fit = sm.sampling(data = Data, n_jobs = 1, init = f_init)
```

Stan についての説明は，次のウェブサイトで入手できるドキュメントに詳しいが，変数の型と確率分布関数について簡単に説明しておく．

・http://mc-stan.org/users/documentation/index.html

変数の型と確率分布

変数の基本型として，整数を表す int と実数を表す real がある．これらの型には，下限値あるいは上限値を指定することができる．例えば，

```
int<lower = 1) j;
real<lower = 0.0, upper = 1.0> p;
```

である．

これらの型は，多次元のデータを表すこともできる．

```
int<lower = 1> k[5];
real x[3];
```

と宣言すれば，k は，5 次元の整数の組を表し，各整数値は 1 以上である．x は，3 次元の実数の組を表す．Stan では，添え字は 1 から始まることに注意．Python では，添え字は 0 から始まる．

ベクトルあるいはマトリックス型として，vector, simplex, unit_vector, row_vector, matrix, corr_matrix, cov_matrix などがある．例えば，

```
vector[3] v1;
vector<lower = 0.0>[3] v2;
simplex[3] s;
unit_vector[3] u;
row_vector[3] w;
matrix[3, 5] m;
corr_matrix[3] r;
cov_matrix[3] c;
```

と宣言すれば，v1 は 3 次元ベクトル，v2 は要素が正数である 3 次元ベクトル，s は要素が非負でそれらの和が 1 である 3 次元ベクトル，u はノルムが 1 である 3 次元ベクトル，w は行ベクトル，m は (3, 5) 型行列，r は (3, 3) 型相関行列，c は (3, 3) 型共分散行列を表す．行列の要素を表すときは，m[1,2] でも m[1][2] でもよい．

各型の配列は，変数名の右側に次のように大きさを指定して宣言する．

vector[3] v[5];

表 10.1　確率分布

確率分布と Stan スクリプト	意味
ベルヌーイ分布 y ~ bernoulli（theta）	$Bernoulli(y \mid \theta) = \begin{cases} \theta & \text{if } y = 1 \\ 1 - \theta & \text{if } y = 0 \end{cases}$
2 項分布 n ~ binomial（N, theta）	$Binomial(n \mid N, \theta) = \binom{N}{n} \theta^n (1-\theta)^{N-n}$
カテゴリカル分布 y ~ categorical（theta）	$Categorical(y \mid \theta)$ $\theta = (\theta_1, \cdots, \theta_N) : an\, N-simplex$
ポアッソン分布 n ~ poisson（lambda）	$Poisson(n \mid \lambda) = \frac{1}{n!} \lambda^n \exp(-\lambda)$
一様分布 y ~ uniform（alpha, beta）	$Uniform(y \mid \alpha, \beta) = \frac{1}{(\beta - \alpha)}, \quad y \in [\alpha, \beta]$
ベータ分布 theta ~ beta（alpha, beta）	$Beta(\theta \mid \alpha, \beta) = \frac{1}{B(\alpha, \beta)} \theta^{\alpha-1}(1-\theta)^{\beta-1}, \quad \theta \in (0, 1)$
正規分布 y ~ normal（mu, sigma）	$Normal(y \mid \mu, \sigma) = \frac{1}{\sqrt{2\pi} \cdot \sigma} \exp\left(-\frac{1}{2}\left(\frac{y-\mu}{\sigma}\right)^2\right)$
多変量正規分布 y ~ multi_normal（mu, Sigma）	$MultiNormal(y \mid \mu, \Sigma) =$ $\frac{1}{(2\pi)^{K/2}} \frac{1}{\sqrt{\mid\Sigma\mid}} \exp\left(-\frac{1}{2}(y-\mu)'\Sigma^{-1}(y-\mu)\right),$ $y, \mu \in R^K, \quad \Sigma \in R^{K \times K},$ $\Sigma : symmetric\ and\ positive\ definite$
ロジスティック分布 y ~ logistic（mu, sigma）	$Logistic(y \mid \mu, \sigma) =$ $\frac{1}{\sigma} \exp\left(-\frac{y-\mu}{\sigma}\right) \left(1 + \exp\left(-\frac{y-\mu}{\sigma}\right)\right)^{-2}$
カイ 2 乗分布 y ~ chi_square（nu）	$ChiSquare(y \mid \nu) = \frac{2^{-\nu/2}}{\Gamma(\nu/2)} y^{\nu/2-1} \exp\left(-\frac{1}{2}y\right), \quad y > 0$
ガンマ分布 y ~ gamma（alpha, beta）	$Gamma(y \mid \alpha, \beta) = \frac{\beta^\alpha}{\Gamma(\alpha)} y^{\alpha-1} \exp(-\beta y), \quad y > 0$
指数分布 y ~ exponential（beta）	$Exponential(y \mid \beta) = \beta \exp(-\beta y), \quad y > 0$

配列 v は，3次元ベクトルの大きさ 5 の配列である．

Stan に用意されている確率分布を，一部であるが表 10.1 に挙げておく．詳しくは，Stan の上記ウェブサイトから入手できるドキュメントを参照されたい．

参 考 文 献

Gelman, A., Carlin, J. B., Stern, H. S., Dunson, D. B., Vehtari, A., and Rubin, D. B. (2014). *Bayesian Data Analysis, third edition*. CRC Press.

第11章　PyStanによる単回帰モデル分析

第5章で扱った単回帰モデルを使ってベイズ分析を行ってみる．第5章のモデル
$$y_i = b_0 + b_1 x_i + e_i \tag{5.1.2}再掲$$
において，誤差項 e_i が平均0の正規分布に従うとして確率モデルを設定する．正規分布以外の分布でもよいが，正規分布がよく用いられる．このとき，モデル(5.1.2)は次のように書ける．
$$y_i \sim N(b_0 + b_1 x_i, \sigma^2) \tag{11.1}$$
ここで，σ^2 は誤差項 e_i の分散である．

モデル(11.1)をリスト11.1のStanスクリプトで表した．

リスト 11.1　単回帰モデルのStanスクリプト．ファイル名はRegression.stan

```
data {
    int N;
    real Y[N];
    real X[N];
}
parameters {
    real b0;
    real b1;
    real<lower = 0> sgm;
}
transformed parameters {
    real mu[N];
    for (i in 1:N)
        mu[i] = b0 + b1 * X[i];
}
model {
    for (i in 1:N)
        Y[i] ~ normal(mu[i], sgm);
}
```

データ数を表す変数 N, 従属変量 y_i と独立変量 x_i を表す配列 Y[N] と X[N] をデータ宣言部で宣言している. モデル(11.1)のパラメータは, b0 と b1 および sgm がパラメータ宣言部に宣言されている. sgm は標準偏差であるので下限値 0 が設定されている. パラメータ変換部において, モデル(11.1)における正規分布の平均値が配列 mu[N] で表され,

```
for (i in 1:N)
    mu[i] = b0 + b1 * X[i];
```

と設定されている.

以上の準備の下で, 確率モデル(11.1)がモデル宣言部において

```
for (i in 1:N)
    Y[i] ~ normal(mu[i], sgm);
```

と宣言されている.

リスト 11.1 の Stan スクリプトを実行する Python スクリプトを, リスト 11.2 に示す.

リスト 11.2 単回帰モデルによる分析

```
import pystan
#import pickle
import matplotlib.pyplot as plt
import scipy.stats as scst
import numpy as np

RawData = [ ['City',      'Temperature', 'Latitude'],
            ['Sapporo',    15,           43.1],
            ['Sendai',     20,           38.3],
            ['Niigata',    17,           37.9],
            ['Kanazawa',   18,           36.6],
            ['Tokyo',      24,           35.7],
            ['Osaka',      22,           34.7],
            ['Fukuoka',    22,           33.6],
            ['Kochi',      24,           33.6],
            ['Kagoshima',  23,           31.6],
            ['Naha',       26,           26.2]
          ]
```

```
ID = []
Y = []
X = []
N = len(RawData) - 1
for i in range(N):
    ID.append(RawData[i + 1][0])
    Y.append(RawData[i + 1][1])
    X.append(RawData[i + 1][2])

for v in zip(ID, Y, X):
    print(v)

Data = {'N': N, 'Y': Y, 'X': X}

sm = pystan.StanModel(file = 'Regression.stan')

fit = sm.sampling(data = Data, n_jobs = 1)

print(fit)
f = open('fit.txt', 'w')
f.write('fit = ¥n {} ¥n'.format(fit))
f.close()

Sampleb0 = fit['b0']
print('len(Sampleb0) = ', len(Sampleb0))
plt.title('Samples of b0')
plt.xlabel('b0')
plt.ylabel('frequency')
plt.hist(Sampleb0)
plt.show()

Sampleb1 = fit['b1']
nb1 = len(Sampleb1)
print('len(Sampleb1) = ', nb1)
npos = 0
for v in Sampleb1:
    if v > 0.0:
        npos += 1
plt.title(('Samples of b1¥n') +
          ('Prop(b1 > 0) = {0:.3f}'.format(npos/nb1)))
plt.xlabel('b1')
plt.ylabel('frequency')
plt.hist(Sampleb1)
plt.show()
```

```
Samplesgm = fit['sgm']
plt.title('Samples of sgm¥n')
plt.xlabel('sgm')
plt.ylabel('frequency')
plt.hist(Samplesgm)
plt.show()

r, p = scst.pearsonr(Sampleb0, Sampleb1)
print('r = ', r)
plt.xlabel('b0')
plt.ylabel('b1')
plt.title('r = {0:.3f}'.format(r))
plt.plot(Sampleb0, Sampleb1, 'b.')
plt.show()


PredYs = fit['mu']
YsArray = []
for i in range(10):
    YsArray.append([])
for v in PredYs:
    for i in range(10):
        YsArray[i].append(v[i])
MedPreds = []
for i in range(10):
    MedPreds.append(np.percentile(YsArray[i], 50))

plt.xlabel('Data')
plt.ylabel('Prediction')
plt.plot(Y, MedPreds, 'bo')
for nm, y, pred in zip(ID, Y, MedPreds):
    plt.text(y + 0.1, pred + 0.1, nm)
plt.plot([14, 28], [14, 28], 'b-')

plt.show()
```

まず，データをリスト RawData で表している．この RawData からデータ数，都市名(分析結果の散布図で用いる)，従属変量および独立変量を，変数 N およびリスト ID, Y, X に設定している．これらの変数を Stan スクリプトの変数に設定するための辞書を

```
Data = {'N': N, 'Y': Y, 'X': X}
```

と用意している．

以上の用意の下で，Stan スクリプトのコンパイル・ビルドとサンプリングの実行を次のスクリプトで行っている．

```
sm = pystan.StanModel(file = 'Regression.stan')
fit = sm.sampling(data = Data, n_jobs = 1)
```

リスト 11.1 の Stan スクリプトのファイル名は Regression.stan である．サンプリングが終了すると，図 11.1 のようにサンプリングの統計量が表示される．

```
Inference for Stan model: anon_model_b708aac58f747a6730a7c77b0c78766f.
4 chains, each with iter=2000; warmup=1000; thin=1;
post-warmup draws per chain=1000, total post-warmup draws=4000.

         mean  se_mean    sd   2.5%    25%    50%    75%  97.5%  n_eff  Rhat
b0      45.31     0.18  5.94  33.56  41.65  45.12  48.76  58.23   1084  1.01
b1      -0.69   5.1e-3  0.17  -1.05  -0.79  -0.68  -0.59  -0.36   1086  1.01
sgm      2.19     0.02  0.71   1.28   1.72   2.05    2.5   3.97    896   1.0
mu[0]   15.59     0.04  1.51  12.47   14.7  15.62  16.52  18.52   1301  1.01
mu[1]    18.9     0.02  0.88   17.1  18.37  18.91  19.43  20.59   2233   1.0
mu[2]   19.17     0.02  0.84  17.45  18.67  19.18  19.68   20.8   2438   1.0
mu[3]   20.07     0.01  0.75  18.56  19.62  20.07  20.53  21.52   3543   1.0
mu[4]   20.69     0.01  0.71  19.28  20.26  20.69  21.12  22.07   4000   1.0
mu[5]   21.38     0.01  0.71  19.98  20.94  21.38  21.82  22.82   3765   1.0
mu[6]   22.14     0.01  0.75  20.63  21.68  22.13  22.59  23.67   2987   1.0
mu[7]   22.14     0.01  0.75  20.63  21.68  22.13  22.59  23.67   2987   1.0
mu[8]   23.52     0.02  0.93  21.69  22.96   23.5  24.07  25.45   1721   1.0
mu[9]   27.24     0.05  1.66  24.04  26.22  27.18  28.24  30.82   1194   1.0
lp__   -11.23     0.05  1.43 -15.04 -11.87 -10.85 -10.16   -9.6    733   1.0

Samples were drawn using NUTS at Mon May 28 12:54:03 2018.
For each parameter, n_eff is a crude measure of effective sample size,
and Rhat is the potential scale reduction factor on split chains (at
convergence, Rhat=1).
len(Sampleb0) =  4000
```

図 11.1　Stan によるサンプリング終了後の出力

これは，スクリプト

```
print(fit)
```

による出力である．ファイルに出力するときのスクリプトは

```
f = open('fit.txt', 'w')
f.write('fit = ¥n {} ¥n'.format(fit))
f.close()
```

である．これにより，テキストファイル fit.txt に図 11.1 に出力されているのと同じ内容がファイルに書き出される．

サンプリング結果のオブジェクト fit に含まれているパラメータのサンプル値は，例えば

```
Sampleb0 = fit['b0']
```

のように [ ] 内にパラメータ名を設定して取り出すことができる．このサンプル値のヒストグラムを次のスクリプトで描いている．

```
plt.title('Samples of b0')
plt.xlabel('b0')
plt.ylabel('frequency')
plt.hist(Sampleb0)
plt.show()
```

上のスクリプトにより，図 11.2 のヒストグラムが表示される．

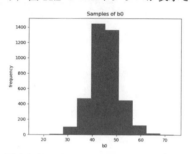

図 11.2　パラメータ b0 のサンプルのヒストグラム

このフォームの右上角の×印をクリックしてフォームを閉じると，次にパラメータ b1 のサンプルが次のスクリプトによって fit から取り出される．

```
Sampleb1 = fit['b1']
```

パラメータ b1 は回帰直線の傾きであり，緯度が上がるほど気温は下がることから負の値であることが予想される．これは，古典統計学では，片側検定の対象である．このことを踏まえて，事後分布において値が正であるサンプルを数えて比率を求め（古典統計学における p 値に相当），グラフのタイトルに表示することにする．これは，次のスクリプトによって行っている．

```
npos = 0
for v in Sampleb1:
    if v > 0.0:
        npos += 1
plt.title(('Samples of b1¥n') +
          ('Prop(b1 > 0) - {0:.3f} '.format(npos/nb1)))
```

ヒストグラム(図11.3)の上部に表示されている「Prop (b1>0) = 0.001」から，古典統計学にならって解釈すれば有意に負の値であることがわかる．

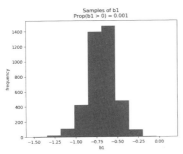
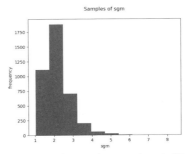

図11.3 パラメータ b1 のヒストグラムと「b1>0」のサンプル数の比率　　図11.4 パラメータ sgm のヒストグラム

図11.3のフォームを閉じると，次にパラメータ sgm が次のスクリプトによって取り出される．

```
Samplesgm = fit['sgm']
```

パラメータ sgm のヒストグラムは図11.4のようである．

回帰直線は，点(独立変量，従属変量)の散布図において，点の集まりの中央付近を通って振動している可能性がある．すなわち，y 切片 b0 の値が大きいときは傾き b1 は小さくなり，y 切片 b0 の値が小さくなると傾き b1 は大きくなるという傾向である．このことを確認するために，以下のスクリプトを用意した．

```
r, p = scst.pearsonr(Sampleb0, Sampleb1)
print('r = ', r)
plt.xlabel('b0')
plt.ylabel('b1')
plt.title('r = {0:.3f} '.format(r))
plt.plot(Sampleb0, Sampleb1, 'b.')
plt.show()
```

ヒストグラムは，図 11.5 のように表示される．

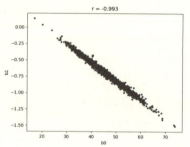

図 11.5 点(b0, b1)の散布図と相関係数
($r=-0.993$)

相関係数が $r=-0.993$ と -1 に近い値であり，散布図は右下りの直線上に密集している．

回帰モデル（第 5 章の式(5.1.2)参照）による予測値

$$b_0 + b_1 x_i$$

すなわち，Stan スクリプトにおける次式

```
mu[i] = b0 + b1 * X[i];
```

が，データ値 y_i あるいは Y[i] をどれだけよく表しているのかを調べるために，サンプリングのオブジェクト fit から mu を次のスクリプトで取り出した．

```
PredYs = fit['mu']
```

この場合，リスト PredYs の要素には，mu の値がサンプリングの各回のグループ単位[mu[1],…, mu[N]]で設定されているので，各 mu[i] 単位で取り出すために次のスクリプトを用いた．今の場合，$N=10$ であることに注意．

```
YsArray = []
for i in range(10):
    YsArray.append([])
for v in PredYs:
    for i in range(10):
        YsArray[i].append(v[i])
```

各 mu[i] のサンプルが YsArray[i] に設定されている．これから各 mu[i] の中央値をリスト MedPreds に求め，データ Y と MedPreds との散布図(図 11.6)を次のスクリプトで描いている．

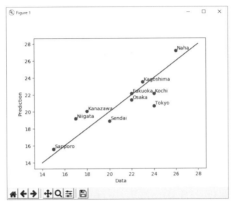

図 11.6 データと予測値の散布図．中央の直線は $y = x$ を表す

```
MedPreds = []
for i in range(10):
    MedPreds.append(np.percentile(YsArray[i], 50))
plt.xlabel('Data')
plt.ylabel('Prediction')
plt.plot(Y, MedPreds, 'bo')
for nm, y, pred in zip(ID, Y, MedPreds):
    plt.text(y + 0.1, pred + 0.1, nm)
plt.plot([14, 28], [14, 28], 'b-')
```

中央の直線は $y=x$ を表すが，この直線に点 (Y[i], MedPreds[i]) が近いほど，回帰モデルによる予測(中央値)によってデータがよく表されていると考えられる．

Pickle の利用

PyStan を用いるスクリプトの開発において，Stan スクリプトの開発は一応終了して，その後，Stan のサンプリングの分析をいろいろ行うことが多い．このとき，スクリプト実行のたびに毎回 Stan スクリプトのコンパイル・ビルドとサンプリングが繰り返されるのは忍耐のいる作業である．Stan スクリプトが一応完成したら，それをコンパイル・ビルドしたものをファイルに保存しておき，以後はそのファイ

ルから読み出して使うとコンパイル・ビルドの時間を省くことができる．Stanによるサンプリングも，モデルによっては長時間かかることがある．これも，サンプリングの結果をファイルに保存しておくと，以後はファイルからサンプリングの結果を読み込んで使用することができるので，サンプリングの時間を省くことができる．これらの保存・読出しは，pickleによって簡単に行うことができる．本節の単回帰モデルの場合を例にして，pickleを使った保存と読出しを説明する．

まず，Stanスクリプト開発のステップから始めるものとする．リスト11.3のスクリプトを実行して，エラーなく終了すればStanスクリプトは開発できたとなる．

リスト11.3 Stanスクリプトの開発ステップ

```
import pystan
import pickle
import matplotlib.pyplot as plt
import scipy.stats as scst
import numpy as np

RawData = [ ['City',       'Temperature', 'Latitude'],
            ['Sapporo',    15,            43.1],
            ['Sendai',     20,            38.3],
            ['Niigata',    17,            37.9],
            ['Kanazawa',   18,            36.6],
            ['Tokyo',      24,            35.7],
            ['Osaka',      22,            34.7],
            ['Fukuoka',    22,            33.6],
            ['Kochi',      24,            33.6],
            ['Kagoshima',  23,            31.6],
            ['Naha',       26,            26.2],
]

ID = []
Y = []
X = []
N = len(RawData) - 1
for i in range(N):
    ID.append(RawData[i + 1][0])
    Y.append(RawData[i + 1][1])
    X.append(RawData[i + 1][2])

for v in zip(ID, Y, X):
    print(v)
```

```
Data = {'N': N, 'Y': Y, 'X': X}

sm = pystan.StanModel(file = 'Regression.stan')
```

関数 pystan.StanModel の実行後に，pickle を使ってコンパイル・ビルドされたモデルを保存する．スクリプトは，次のとおりである．

```
sm = pystan.StanModel(file = 'Regression.stan')
with open('model.pkl', 'wb') as f:
    pickle.dump(sm, f)
```

保存したファイルを読み込んでサンプリングを行うスクリプトを，次のように用意する．保存したモデルオブジェクトは pickle.load で読み込んでいる．

```
#sm = pystan.StanModel(file = 'Regression.stan')
#with open('model.pkl', 'wb') as f:
#    pickle.dump(sm, f)
sm = pickle.load(open('model.pkl', 'rb'))
fit = sm.sampling(data = Data, n_jobs = 1)
print(fit)
```

読み込んだモデルオブジェクトでサンプリングを行い，問題がなければサンプリング結果のオブジェクト，上の例では fit を保存する．サンプリングに問題があるかどうかは，print(fit) の出力で判断できる．サンプリングに問題があれば，サンプリングの回数とか初期値で調整する．サンプリング結果，上の例では fit の保存は，pickle.dump を用いた次のスクリプトでできる．

```
#sm = pystan.StanModel(file = 'Regression.stan')
#with open('model.pkl', 'wb') as f:
#    pickle.dump(sm, f)
sm = pickle.load(open('model.pkl', 'rb'))
fit = sm.sampling(data = Data, n_jobs = 1)
print(fit)
with open('fit.pkl', 'wb') as f:
    pickle.dump(fit, f)
```

保存したサンプリングのオブジェクト fit は，pickle.load で読み込むことができる．ただし，サンプリングオブジェクトを読み込む前に，コンパイル・ビルドで作成されたモデルオブジェクトを読み込んでおく必要がある．スクリプト例は以下のようである．

```
#sm = pystan.StanModel(file = 'Regression.stan')
#with open('model.pkl', 'wb') as f:
#    pickle.dump(sm, f)
#sm = pickle.load(open('model.pkl', 'rb'))
#fit = sm.sampling(data = Data, n_jobs = 1)
#print(fit)
#with open('fit.pkl', 'wb') as f:
#    pickle.dump(fit, f)
sm = pickle.load(open('model.pkl', 'rb'))
fit = pickle.load(open('fit.pkl', 'rb'))
print(fit)
```

読み込んだサンプリングオブジェクトは，print(fit) で確認することができる．

◆演習課題 11.E.1　第 2 章◆演習課題 2.E.1 のデータ（表 2.E.1）において，SA を独立変数，SB を従属変数とする単回帰モデルによって Stan を用いたベイズ分析を行え．解答例は，著者のウェブサイトに挙げてある．

・http://y-okamoto-psy1949.la.coocan.jp/booksetc/pyda/

なお，グループ変数 ID の影響を考量した分析は，演習課題 11.E.3 としている．

◆演習課題 11.E.2　第 2 章◆演習課題 2.E.2 のデータ（表 2.E.2）において，SA を独立変数，SB を従属変数とする単回帰モデルによって Stan を用いてベイズ分析を行え．解答例は，著者のウェブサイトに挙げてある．

・http://y-okamoto-psy1949.la.coocan.jp/booksetc/pyda/

なお，グループ変数 ID の影響を考量した分析は，演習課題 11.E.4 としている．

◆演習課題 11.E.3　第 2 章◆演習課題 2.E.1 のデータ（表 2.E.1）において，グループ変数 ID の影響を考量して，SA を独立変数，SB を従属変数として Stan を用いたベイズ分析を行え．解答例は，著者のウェブサイトに挙げてある．

・http://y-okamoto-psy1949.la.coocan.jp/booksetc/pyda/

グループ変数をダミー変数として用意する例は，第12章あるいは第15章のポアッソン回帰モデルの例を参考にすればよい．

◆**演習課題 11.E.4** 第2章◆演習課題 2.E.2 のデータ（表 2.E.2）において，グループ変数 ID の影響を考量して，SA を独立変数，SB を従属変数として Stan を用いてベイズ分析を行え．解答例は，著者のウェブサイトに挙げてある．

・http://y-okamoto-psy1949.la.coocan.jp/booksetc/pyda/

グループ変数をダミー変数として用意する例は，第12章あるいは第15章のポアッソン回帰モデルの例を参考にすればよい．

第 12 章　PyStan によるポアッソン回帰モデル分析

　第 8 章「数量化」の表 8.2.2 のデータのように 2 つの条件によって観測度数が分類されるクロス表のデータのベイズ分析を，ポアッソン回帰モデルを用いて行ってみる．クロス表の一般形は，表 12.1 のように表せる．

表 12.1　クロス表の行 r, 列 c における度数データ f_{rc}

	$\cdots$	列 c	$\cdots$	行和
	$\vdots$	$\vdots$		$\vdots$
行 r	$\cdots$	f_{rc}	$\cdots$	$f_r = \sum_c f_{rc}$
	$\vdots$	$\vdots$		$\vdots$
列和		$f_c = \sum_r f_{rc}$		$N = \sum_{r,c} f_{rc}$

　行 r, 列 c における度数（頻度）データの値が f_{rc} である．行と列が独立であるという条件の下での行 r, 列 c の期待度数を $\hat{f}_{rc}$ とおくと，次式が成り立つ (Kruschke, 2011)．

$$\frac{\hat{f}_{rc}}{N} = \frac{f_r}{N} \times \frac{f_c}{N} \tag{12.1}$$

これより，次式を得る．

$$\log(\hat{f}_{rc}) = \log(f_r) + \log(f_c) + \log\left(\frac{1}{N}\right)$$

　ポアッソン分布の期待値（期待度数）は，ポアッソン分布のパラメータ λ に等しい．期待度数 $\hat{f}_{rc}$ を λ_{rc} で，$\log(f_r)$ を β_r で，$\log(f_c)$ を β_c で，$\log(1/N)$ を β_0 で表すと

$$\log(\lambda_{rc}) = \beta_r + \beta_c + \beta_0 = \beta_0 + \beta_r + \beta_c \tag{12.2}$$

となり，式(12.1)の表す独立性は，式(12.2)における列と行の主効果の和の形で表される．

これに対して，交互作用がある場合は

$$\log(\lambda_{rc}) = \beta_0 + \beta_r + \beta_c + \beta_{rc} \tag{12.3}$$

となる．

ポアッソン指数型回帰モデル(Poisson exponential regression model)では，観測度数 f_{rc} は，パラメータ λ_{rc} のポアッソン分布から得られたとする．すなわち，

$$f_{rc} \sim Poisson(\lambda_{rc})$$

である．ここで，Y がパラメータ λ のポアッソン分布に従うとき

$$P(Y=y) = Poisson(y|\lambda) = e^{-\lambda} \frac{\lambda^y}{y!}$$

である．表12.1のデータに対する尤度関数は

$$L(f_{rc}) \propto \prod_{r,c} Poisson(f_{rc}|\lambda_{rc})$$

事後分布は

$$p(\beta_j|f_{rc}) \propto p_0(\beta_j) \cdot L(f_{rc})$$

で与えられる．ここで，$p_0(\beta_j)$ は事前分布である．

第8章「数量化」の表8.2.2のデータに対しては，分散分析のデザインにならって表12.2のように要因の効果を表す．

表12.2 心理学科学生のクロス表におけるモデル

	心理学≒臨床心理学	その他	心理学＞臨床心理学
小学生	μ	$\mu+\beta_2$	$\mu+\beta_3$
中学生	$\mu+\alpha_2$	$\mu+\alpha_2+\beta_2+\gamma_{22}$	$\mu+\alpha_2+\beta_3+\gamma_{23}$
高校生	$\mu+\alpha_3$	$\mu+\alpha_3+\beta_2+\gamma_{32}$	$\mu+\alpha_3+\beta_3+\gamma_{33}$

これは，ダミー変数を使って

$$\begin{aligned}\log\lambda_i = &\mu + \alpha_2 Xr_2 + \alpha_3 Xr_3 + \beta_2 Xc_2 + \beta_3 Xc_3 \\ &+ \gamma_{22} Xr_2 Xc_2 + \gamma_{23} Xr_2 Xr_3 + \gamma_{32} Xr_3 Xc_2 + \gamma_{33} Xr_3 Xc_3\end{aligned}$$

と表すことができる．ダミー変数は

$$Xr_i = \begin{cases} 1 & \text{第}i\text{行のデータのとき} \\ 0 & \text{それ以外のとき} \end{cases}$$

$$Xc_j = \begin{cases} 1 & \text{第}j\text{列のデータのとき} \\ 0 & \text{それ以外のとき} \end{cases}$$

と設定している．

第1行第1列を基準として値をμで表し，第i行の主効果をα_iで，第j列の主効果をβ_jで表し，第i行第j列の交互作用をγ_{ij}で表している．このとき第8章「数量化」の表8.2.2のデータは，本章の表12.3のように表される．これに対応してStanスクリプトをリスト12.1のように用意した．

表12.3 データとダミー変数

f_{rc}	Xr_1	Xr_2	Xr_3	Xc_1	Xc_2	Xc_3
1	1	0	0	1	0	0
1	1	0	0	0	1	0
10	1	0	0	0	0	1
3	0	1	0	1	0	0
2	0	1	0	0	1	0
10	0	1	0	0	0	1
6	0	0	1	1	0	0
2	0	0	1	0	1	0
4	0	0	1	0	0	1

リスト12.1 ポアッソン回帰分析のStanスクリプト

```
data {
    int N;
    int F[N];
    int Xr1[N];
    int Xr2[N];
    int Xr3[N];
    int Xc1[N];
    int Xc2[N];
    int Xc3[N];
}
parameters {
    real mu;
```

```
    real a2;
    real a3;
    real b2;
    real b3;
    real g22;
    real g23;
    real g32;
    real g33;
}
transformed parameters {
    real Lmbd[N];
    real LogLmbd[N];
    for (i in 1:N)
        LogLmbd[i] = mu + a2 * Xr2[i] + a3 * Xr3[i]
                   + b2 * Xc2[i] + b3 * Xc3[i]
                   + g22 * Xr2[i] * Xc2[i] + g23 * Xr2[i] * Xc3[i]
                   + g32 * Xr3[i] * Xc2[i] + g33 * Xr3[i] * Xc3[i];
    for (i in 1:N)
        Lmbd[i] = exp(LogLmbd[i]);
}
model {
    for (i in 1:N)
        F[i] ~ poisson(Lmbd[i]);
}
```

リスト 12.1 の Stan スクリプトで表 12.3 のデータを分析する Python スクリプトを，リスト 12.2 に示す．

リスト 12.2　リスト 12.1 の Stan スクリプトを実行する Python スクリプト

```
import pystan
import matplotlib.pyplot as plt
import numpy as np


RawData = [[1, 1, 0, 0, 1, 0, 0],
           [1, 1, 0, 0, 0, 1, 0],
           [10, 1, 0, 0, 0, 0, 1],
           [3, 0, 1, 0, 1, 0, 0],
           [2, 0, 1, 0, 0, 1, 0],
           [10, 0, 1, 0, 0, 0, 1],
           [6, 0, 0, 1, 1, 0, 0],
           [2, 0, 0, 1, 0, 1, 0],
           [4, 0, 0, 1, 0, 0, 1]]
```

```
F = []
Xr1 = []
Xr2 = []
Xr3 = []
Xc1 = []
Xc2 = []
Xc3 = []
for v in RawData:
    F.append(v[0])
    Xr1.append(v[1])
    Xr2.append(v[2])
    Xr3.append(v[3])
    Xc1.append(v[4])
    Xc2.append(v[5])
    Xc3.append(v[6])

for i in range(9):
    print(' ', F[i], ' ', Xr1[i], ' ', Xr2[i], ' ', Xr3[i],
          ' ', Xc1[i], ' ', Xc2[i], ' ', Xc3[i])

N = 9
Data = {'N': N, 'F': F, 'Xr1': Xr1, 'Xr2': Xr2, 'Xr3': Xr3,
        'Xc1': Xc1, 'Xc2': Xc2, 'Xc3': Xc3}

sm = pystan.StanModel(file = 'Poisson.stan')
fit = sm.sampling(data = Data,
                  pars = ['mu', 'a2', 'a3', 'b2', 'b3',
                          'g22', 'g23', 'g32', 'g33'], n_jobs = 1)
print(fit)
```

リスト 12.2 のスクリプトで

```
fit = sm.sampling(data = Data,
                  pars = ['mu', 'a2', 'a3', 'b2', 'b3',
                          'g22', 'g23', 'g32', 'g33'], n_jobs = 1)
```

と関数 sampling の実行において引数 pars で Stan スクリプトのパラメータが指定されているのは，print(fit) による出力で多くのパラメータのサンプリング統計量が表示されるのを避けるためである．Stan スクリプトでは，変数変換部において

```
    real Lmbd[N];
    real LogLmbd[N];
```

と多数のパラメータが宣言されている．これらすべての出力を避けるため，関数 sampling の実行において Stan スクリプトのパラメータのうち，出力したいパラメータ名を引用符 '' で挟んで文字列として引数 pars の要素に設定している．

リスト 12.2 を実行すると，図 12.1 の結果を得る．

```
Inference for Stan model: anon_model_71d7d8d795f8bc388c89cd6d08157b88.
4 chains, each with iter=2000; warmup=1000; thin=1;
post-warmup draws per chain=1000, total post-warmup draws=4000.

       mean  se_mean    sd   2.5%    25%    50%    75%  97.5%  n_eff  Rhat
mu    -0.56    0.06   1.41  -3.88  -1.26  -0.31   0.44   1.4    495  1.01
a2     1.48    0.07   1.56  -1.08   0.44   1.28   2.26   5.06   521  1.01
a3     2.27    0.06   1.47   0.06  -1.24   2.04   3.03   5.62   516  1.01
b2    -0.06    0.08   1.91  -3.69  -1.23  -0.13   1.0    3.91   611  1.01
b3     2.81    0.06   1.44   0.7   1.8    2.56   3.56   6.16   497  1.01
g22   -0.42    0.08   2.17  -4.83  -1.7   -0.39   1.02   3.68   678  1.0
g23   -1.48    0.07   1.63  -5.16  -2.36  -1.32  -0.39   1.28   538  1.01
g32   -1.22    0.08   2.1   -5.46  -2.47  -1.13   0.09   2.76   692  1.0
g33   -3.27    0.07   1.59  -6.79  -4.15  -3.05  -2.17  -0.68   526  1.01
lp__  24.47    0.06   2.3   19.18  23.08  24.83  26.18  27.95  1467  1.0

Samples were drawn using NUTS at Sun Jun 17 10:47:15 2018.
For each parameter, n_eff is a crude measure of effective sample size,
and Rhat is the potential scale reduction factor on split chains (at
convergence, Rhat=1).

P(a3 > 0.0) = 0.979
P(b3 > 0.0) = 0.999
P(g33 < 0.0) = 0.996
>>>
```

図 12.1　表 12.3 のデータの分析結果

古典統計学にならえば，パラメータ値が 0 でないと考えられるのは，95%確信区間 (95%CI) が 0 を含まない場合である．図 12.1 より，パラメータ a3，b3，g33 が有意に 0 でないと考えられる．これらの効果は，表 12.2 に示されているように，左上のセルを基準に設定されている．したがって，主効果 a3 は，高校生において回答者が増えていることを意味するが，これは第 8 章「数量化」における表 8.2.2 における「心理学≒臨床心理学」の列において見られることで，他の列では認められない．この列による違いは交互作用 g33 で表されている．主効果 a3 (mean = 2.34) に対して交互作用 g33 (mean = -3.34) は大きい効果を示しているが，これは「高校生」で「心理学＞臨床心理学」の度数が大きく減少していることに対応している．主効果 b3 は，「心理学＞臨床心理学」と理解している学生が，「心理学≒臨床心理学」あるいは「その他」より多いことに対応している．

上の確信区間が 0 を含むかどうかによる効果の有無の判定は，古典統計学における両側検定に対応している．表 8.2.2 のクロス表は，数量化の主成分分析の結果を示す図 8.2.4 において，第 2 主成分に関して反対側に位置するものとして選ばれた項目とその数量化に基づいて作成されたものである．したがって，主効果 a3 が正

値「第1列における高校生回答者の増加」，主効果 b3 が正値「『心理学＞臨床心理学』と理解している学生が多い」，交互作用 g33 が負値「高校生において『心理学＞臨床心理学』と理解している学生が減少」は，数量化に基づくクロス表の作成結果から予想されることである．これは，古典統計学における片側検定に対応している．事後分布におけるこれらパラメータの値が正である，あるいは負である確率の推定値が

$P(a3 > 0.0) = 0.979$
$P(b3 > 0.0) = 0.999$
$P(g33 < 0.0) = 0.996$

と示されている(図 12.1)．

なお，ここで「高校生」というのは，「心理学科の学生が，心理学という分野があることを知った時期」である(第8章における質問項目の説明を参照)．

参 考 文 献

Kruschke, J. K. (2011). *Doing Bayesian Data Analysis: A tutorial with R and BUGS*. Elsevier.

岡本安晴 (2014)．心理学データ分析と測定：データの見方と心の測り方．勁草書房．

コラム 12.C.1　一般化線形モデルとリンク関数

線形回帰モデル

$$y = X\beta + \varepsilon$$

において，従属変数 y の値は $-\infty$ から $+\infty$ までの範囲をとり得る．しかし，例えば，ポアソン分布に従う変数のとり得る値は0以上である．このように従属変数の値域に制限があるときは，従属変数を変換して $-\infty$ から $+\infty$ までの範囲をとり得るようにして回帰モデルを適用することが行われる．この変換関数をリンク関数(link function)と呼び，このときの回帰モデルを一般化線形モデル(generalized linear model)と呼ぶ．

ポアソン分布の場合，その平均値はパラメータ λ である．パラメータ $\lambda > 0$ を $-\infty$ から $+\infty$ までの範囲をとり得るようにリンク関数として対数関数を用いて変換して，

回帰モデル

$$\log \lambda = X\beta + \varepsilon$$

を設定したものがポアッソン回帰モデルである．

　従属変数がベルヌーイ分布における確率 p のときは，値域が $[0, 1]$ である．確率 p で値 1，確率 $1-p$ で値 0 をとるとき，平均値は p である．この p の値域が $(-\infty, +\infty)$ になるようにロジスティック変換（logistic transformation）をリンク関数として用いて構成された回帰モデル

$$\mathrm{logit}(p) = \log\left(\frac{p}{1-p}\right) = X\beta + \varepsilon$$

は，ロジスティック回帰（logistic regression）モデルと呼ばれている．ロジスティック回帰モデルの簡潔な説明が，岡本 (2014：第 4 章) にある．

　p の変換関数としてプロビット変換を用いた

$$\Phi^{-1}(p) = X\beta + \varepsilon$$

は，プロビット回帰（probit regression）モデルと呼ばれている．ここで，$\Phi(z)$ は累積標準正規分布関数である．

　ロジスティック変換

$$u = \mathrm{logit}(p)$$

の逆変換

$$p = \frac{\exp(u)}{1+\exp(u)}$$

と，プロビット変換

$$u = \Phi^{-1}(p)$$

の逆変換

$$p = \Phi(u)$$

の比較を行う．逆変換で比較するのは，横軸の変域が大きくとれて見やすくなるからである．

ロジスティック変換の逆変換の独立変数を 1.7 倍した次式

$$p = \frac{\exp(1.7u)}{1+\exp(1.7u)}$$

による比較を図 12.C.1 に示す.

2つの関数のグラフは，ほとんど一致している．すなわち，横軸の単位を適当に選べば，ロジスティック変換とプロビット変換は区別できないと言える．

図 12.C.1 の描画スクリプトを以下に示す.

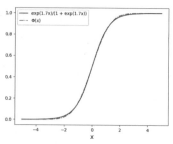

図 12.C.1 ロジスティック変換とプロビット変換の比較

```
import matplotlib.pyplot as plt
import numpy as np
from scipy.stats import norm

def inv_Logistic( v, s = 1.0 ):
    u = np.exp(s * v) / (1.0 + np.exp(s * v))
    return u

x = np.arange(-5, 5.001, 0.1)

y_Logistic = []
y_Probit = []
for v in x:
    y_Logistic.append(inv_Logistic(v, 1.7))
    y_Probit.append(norm.cdf(v))

plt.plot(x, y_Logistic, 'b-', label = 'exp(1.7x)/(1 + exp(1.7x))')
plt.plot(x, y_Probit, 'g-.', label = '$\Phi$(x)')
plt.xlabel('x', fontsize = 14)
plt.legend()

plt.show()
```

第 13 章 PyMC による 2 項分布分析 —— PyMC 入門 ——

　ベイズ分析における事後分布を推定するライブラリの 1 つに PyMC3 がある．本章では，PyMC3 を Ubuntu 上で用いて説明する．PyMC3 のインストールは，pip コマンドを

　　sudo pip3 install git+https://github.com/pymc-devs/pymc3

と実行すればできる (2018 年 5 月現在)．インストールなどの説明は，以下のウェブサイトなどを参照されたい．

・http://docs.pymc.io/notebooks/getting_started

　PyMC3 では，事後分布の推定法の 1 つとして事後分布に従う乱数を生成するという方法が用いられるが，このときの乱数はマルコフ鎖によるもので独立ではない．マルコフ鎖では，次の乱数は現在の乱数の値に基づいて生成され，マルコフ鎖による乱数生成は Markov chain Monte Carlo (MCMC) sampling と呼ばれている．しかし，多数の生成された乱数は，全体としてまとめると事後分布からのサンプルと見なせるようにサンプリングが行われる．このための方法として複数の方法が用意されているが，特に指定を行わない場合は，デフォルトで適切な方法が選択される．

　PyMC3 における用語について，少し説明しておく．モデル内の変数の依存関係は，グラフで表されることがある．グラフにおける依存関係は矢印で表されるが，矢印の根元にある変数は親 (parent) と呼ばれ，矢印の先にある変数は子 (child) と呼ばれる．これは相対的な関係で，親が他の変数の子であることもある．変数は，確率変数 (stochastic/random variable) と決定論的変数 (deterministic variable) に区別される．決定論的変数は，親の値が決まれば自身の値が確定するものであり，確率変数は親の値が決まっても自身の値は確率分布に従って決まるものである．

　PyMC3 を用いた簡単な例として，まず 2 項分布を取り上げる．

2項分布の分析

第9章9.4節における2項分布

$$P\left(\sum_{i=1}^{N} X_i = k\right) = \binom{N}{k}\theta^k(1-\theta)^{N-k} \qquad (9.4.3)\text{再掲}$$

を，確率モデルとする場合について考える．9.4節では，コインを10回投げたところ7回表が出た場合における確率パラメータ θ の値を，モーメント法によって推定することを説明した．PyMC3によるベイズ法で分析するときは，PyMC3スクリプトでデータ ($N=10$ および $k=7$) とパラメータ θ に基づいて2項分布(9.4.3)を宣言すればよい．リスト13.1にPyMC3を用いたPython3スクリプトを示す．

リスト13.1 2項分布の分析

```
import matplotlib.pyplot as plt
import pymc3 as pm

N = 10
k = 7

with pm.Model() as BinModel:
    theta = pm.Uniform('theta', lower = 0.0, upper = 1.0)
    k_obs = pm.Binomial('k_obs', n = N, p = theta, observed = k)
    trace = pm.sample()
    pm.traceplot(trace)
    plt.show()
    smry = pm.summary(trace)
    print(smry)
```

PyMC3では，pymc3を使うための環境をクラス型Modelのオブジェクトとして用意する．オブジェクトを作成すると，そのオブジェクトの環境内でスクリプトを実行すればよいので，with文を用いると便利である．リスト13.1では，次のwith文

```
with pm.Model() as BinModel:
```

によってModel型のオブジェクトを生成して，PyMC3のスクリプトをwith文のスィート (suite；with文以下のインデントされたブロック) 内に書いている．

次のスクリプトは，2項分布のパラメータ θ (theta) が下限値0，上限値1の一様

分布に従うものであることを宣言するものである.

```
theta = pm.Uniform('theta', lower = 0.0, upper = 1.0)
```

PyMC3 では，確率分布はクラス型として用意されており，上の場合もクラス型 Uniform のオブジェクトが作成されて theta で表される．右辺の Uniform の第 1 引数に設定されている文字列が Model 型のオブジェクト BinModel の環境における名前になる．

次のスクリプトでは，引数 observed が用いられている．

```
k_obs = pm.Binomial('k_obs', n = N, p = theta, observed = k)
```

引数 observed の用いられたスクリプトにより，総試行数 n，確率 p (式 (9.4.3) における θ) の 2 項分布において，2 項分布に従う試行数が k であった場合の事後分布が用意される．

事後分布に対するサンプリングは，関数 sample によって行える．

```
trace = pm.sample()
```

戻り値 trace にサンプリングの結果が返される．

この trace に

```
pm.traceplot(trace)
plt.show()
```

と関数 traceplot を実行すると，図 13.1 のグラフが描かれる．PyMC3 では，デフォルトで 2 本のマルコフ鎖が走るので，左のグラフには各マルコフ鎖の値の度数分布が描かれ，右のグラフに各マルコフ鎖のトレースが描かれている．

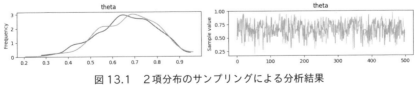

図 13.1　2 項分布のサンプリングによる分析結果

次のスクリプト

```
smry = pm.summary(trace)
print(smry)
```

は，サンプリングの基本統計量を関数 summary で取り出して，関数 print によって出力するものである(図13.2)．

```
Auto-assigning NUTS sampler...
Initializing NUTS using jitter+adapt_diag...
Multiprocess sampling (2 chains in 2 jobs)
NUTS: [theta]
100%|                                              | 1000/1000 [00:00<00:00, 1296.13it/s]
              mean        sd   mc_error   hpd_2.5  hpd_97.5     n_eff      Rhat
theta     0.672306  0.129905   0.00633  0.425376  0.906145  405.146601  1.000425
```

図13.2 サンプリングの基本統計量

サンプリングによる事後分布の推定における 95%hpd が示されている．これらの出力は，端末の横幅が十分に広くないとすべてが表示されない(…で略される)ので，端末の横幅は広めに用意しておく必要がある(端末 Window の枠をマウスでドラッグすればよい)．

$\hat{R}$(Rhat)は次式(13.1)で与えられるもので，複数のマルコフ鎖(デフォルトで2本)を走らせたときのマルコフ鎖間のサンプリング分布の一致度を表す指標である(Gelman ら，2014)．

$$\hat{R} = \sqrt{\frac{\widehat{var^+}(\psi \mid y)}{W}} \qquad (13.1)$$

ここで，W は各マルコフ鎖内での変動量を表す．マルコフ鎖間の変動量を B で，各鎖の長さを n で表したとき，$\widehat{var^+}(\psi \mid y)$ は次式で与えられる．

$$\widehat{var^+}(\psi \mid y) = \frac{(n-1) \times W + 1 \times B}{n}$$

指標 $\hat{R}$ の値は，原則として 1.1 以下であることが勧められている(Gelman ら，2014：p. 287)．$\hat{R}$ の値が十分に小さくないときは，サンプル数を増やすことになる．これは，関数 sample の引数で行える．例えば，

```
trace = pm.sample(draws = 2000, tune = 1000)
```

とすれば，マルコフ鎖の前半での調整(burn-in)を 1000 回，その後のサンプリングを 2000 回行う設定になり，マルコフ鎖 1 本あたり計 3000 回のサンプリングを行うことになる．デフォルトでは 2 本のマルコフ鎖が用意されるので，サンプリングの総数は 6000 回，burn-in 後のサンプリング数は 4000 回である．

PyMC3 には，いろいろな確率分布を表すクラス型が用意されている．詳しくは，以下のウェブサイトで説明を得ることができるが，一部を表13.1 にまとめた．

・http://docs.pymc.io/api/distributions.html

表 13.1 確率分布を表す PyMC3 クラス型．引数の先頭には，生成したオブジェクトの名前を表す文字列を第 1 引数としておき，その後に確率分布のパラメータの引数をおく．事後分布を与えるデータは，引数「observed ＝データ」の形で与える

確率分布と PyMC3 クラス型	意味
ベルヌーイ分布 Bernoulli(p)	$f(x\|p) = p^x(1-p)^{1-x}, \quad x \in \{0, 1\}$
2 項分布 Binomial(n, p)	$f(x\|n, p) = \binom{n}{x} p^x (1-p)^{n-x}$
カテゴリカル分布 Categorical(p)	$f(x\|p) = p_x, x \in \{0, 1, \cdots, \|p\|-1\}$ $p = (p_0, \cdots, p_{\|p\|-1})$
ポアッソン分布 Poisson(mu)	$f(x\|\mu) = \dfrac{1}{x!} \mu^x \exp(-\mu)$
一様分布 Uniform(lower, upper)	$f(x\|lower, upper) = \dfrac{1}{upper - lower}$
ベータ分布 Beta(alpha, beta)	$f(x\|\alpha, \beta) = \dfrac{1}{B(\alpha, \beta)} x^{\alpha-1}(1-x)^{\beta-1}$
正規分布 Normal(mu, sd)	$f(x\|\mu, \sigma) = \dfrac{1}{\sqrt{2\pi} \cdot \sigma} \exp\left(-\dfrac{1}{2}\left(\dfrac{x-\mu}{\sigma}\right)^2\right)$
多変量正規分布 MvNormal(mu, cov)	$f(x\|\mu, T) =$ $\dfrac{1}{(2\pi)^{K/2}} \dfrac{1}{\sqrt{\|\Sigma\|}} \exp\left(-\dfrac{1}{2}(y-\mu)'\Sigma^{-1}(y-\mu)\right),$ $x, \mu \in R^K, \quad T = \Sigma^{-1}, \quad \Sigma \in R^{K \times K},$ $\Sigma : symmetric\ and\ positive\ definite$
ロジスティック分布 Logistic(mu, s)	$f(x\|\mu, s) =$ $\dfrac{1}{s} \exp\left(-\dfrac{x-\mu}{s}\right)\left(1 + \exp\left(-\dfrac{x-\mu}{s}\right)\right)^{-2}$
カイ 2 乗分布 ChiSquared(nu)	$f(x\|\nu) = \dfrac{2^{-\nu/2}}{\Gamma(\nu/2)} x^{\nu/2-1} \exp\left(-\dfrac{1}{2} x\right)$
ガンマ分布 Gamma(alpha, beta)	$f(x\|\alpha, \beta) = \dfrac{\beta^\alpha}{\Gamma(\alpha)} x^{\alpha-1} \exp(-\beta x)$
指数分布 Exponential(lam)	$f(x\|\lambda) = \lambda \exp(-\lambda x)$

参 考 文 献

Gelman, A., Carlin, J. B., Stern, H. S., Dunson, D. B., Vehtari, A., and Rubin, D. B. (2014). *Bayesian Data Analysis, third edition*. CRC Press.

第14章　PyMCによる単回帰モデル分析

第5章で扱った単回帰モデルを使って，ベイズ分析をしてみる．第5章のモデル

$$y_i = b_0 + b_1 x_i + e_i \tag{5.1.2}再掲$$

において，誤差項 e_i が平均0の正規分布に従うとして確率モデルを設定する．正規分布以外の分布でもよいが，正規分布がよく用いられる．このとき，モデル(5.1.2)は次のように書ける．

$$y_i \sim N(b_0 + b_1 x_i,\ \sigma^2) \tag{14.1}$$

ここで，σ^2 は誤差項 e_i の分散である．

上のモデルに対応するPythonスクリプトとPyMC3スクリプトをリスト14.1に示す．

リスト14.1　単回帰モデル

```
import matplotlib.pyplot as plt
import numpy as np
import scipy.stats as scst
import pymc3 as pm

RawData = [ ['City',      'Temperature', 'Latitude'],
            ['Sapporo',   15,            43.1 ],
            ['Sendai',    20,            38.3 ],
            ['Niigata',   17,            37.9 ],
            ['Kanazawa',  18,            36.6 ],
            ['Tokyo',     24,            35.7 ],
            ['Osaka',     22,            34.7 ],
            ['Fukuoka',   22,            33.6 ],
            ['Kochi',     24,            33.6 ],
            ['Kagoshima', 23,            31.6 ],
            ['Naha',      26,            26.2 ]
```

```
]

ID = []
Y = []
X = []
N = len(RawData) - 1
for i in range(N):
    ID.append(RawData[i + 1][0])
    Y.append(RawData[i + 1][1])
    X.append(RawData[i + 1][2])

for v in zip(ID, Y, X):
    print(v)

with pm.Model() as RegModel:
        b0 = pm.Uniform('b0', lower = -100.0, upper = 100.0)
        b1 = pm.Uniform('b1', lower = -100.0, upper = 100.0)
        sgm = pm.Uniform('sgm', lower = 0.0, upper = 100.0)
        muY = b0 + b1 * X

        Y_obs = pm.Normal('Y_obs', mu = muY, sd = sgm, observed = Y)
        trace = pm.sample()

        pm.traceplot(trace)
        plt.show()
        summary_trace = pm.summary(trace)
        print(summary_trace)
        f = open('summary.txt', 'w')
        f.write('Summary...\n {} '.format(summary_trace))

        b0_trace = trace['b0']
        b1_trace = trace['b1']
        r, p = scst.pearsonr(b0_trace, b1_trace)
        plt.title('r = {0:.3f}'.format(r))
        plt.xlabel('b0')
        plt.ylabel('b1')
        plt.plot(b0_trace, b1_trace, 'b.')
        plt.show()

        nPos = 0
        for v in b1_trace:
                if v > 0.0:
                        nPos += 1
        rPos = nPos / len(b1_trace)
        print('Prop(b1 > 0) = ', rPos)
```

第14章　PyMCによる単回帰モデル分析　　219

```
                f.write('\nProp(b1 > 0) = {0:.3f}\n'.format(rPos))

    muY_trace = []
    for i in range(N):
            muY_trace.append([])
    for t in range(len(b0_trace)):
            for i in range(N):
                    muY_trace[i].append(b0_trace[t] + b1_trace[t] * X[i])

    MedPredY = []
    for i in range(N):
            MedPredY.append(np.percentile(muY_trace[i], 50))
    plt.plot(Y, MedPredY, 'bo')
    plt.xlabel('Data')
    plt.ylabel('Prediction')
    for nm, y, pred in zip(ID, Y, MedPredY):
            plt.text(y + 0.1, pred + 0.1, nm)
    plt.plot([14, 28], [14, 28], 'b-')
    plt.show()

    f.close()
```

　リストID，Y，Xに都市名，従属変数（気温），独立変数（緯度）を設定し，Nにデータ数を設定した後，PyMC3のModel型オブジェクトを生成して，with文のスイートにおいてPyMC3のスクリプトを実行している．まず，3つのパラメータ b_0，b_1，σ の事前分布を与えるスクリプトを以下のように用意している．

```
                b0 = pm.Uniform('b0', lower = -100.0, upper = 100.0)
                b1 = pm.Uniform('b1', lower = -100.0, upper = 100.0)
                sgm = pm.Uniform('sgm', lower = 0.0, upper = 100.0)
```

　一様分布の区間 $[-100, 100]$ あるいは $[0, 100]$ は十分に広いので，実質的な制約のない無情報事前分布と考えられる．
　式(14.1)の正規分布の平均値

$$b_0 + b_1 x_i$$

の部分が

```
                muY = b0 + b1 * X
```

と書かれている．これを基に，回帰モデル(14.1)が次のスクリプト

```
Y_obs = pm.Normal('Y_obs', mu = muY, sd = sgm, observed = Y)
```

で表されている．引数 observed にデータ Y が設定されているので，これにより事後分布が設定される．設定された事後分布に対するサンプリングは，次のスクリプトの関数 sample で行われる．

```
trace = pm.sample ()
```

上のスクリプトの実行によって，サンプリングの結果が trace に設定され，関数 traceplot によって表示される(図14.1)．

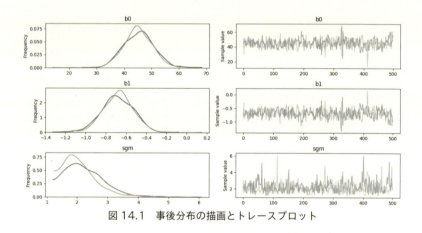

図 14.1　事後分布の描画とトレースプロット

```
pm.traceplot(trace)
plt.show()
```

サンプリングの要約統計量は，関数 summary によって取り出されて，関数 print によって端末に出力される(図14.2)．

```
summary_trace = pm.summary(trace)
print(summary_trace)
```

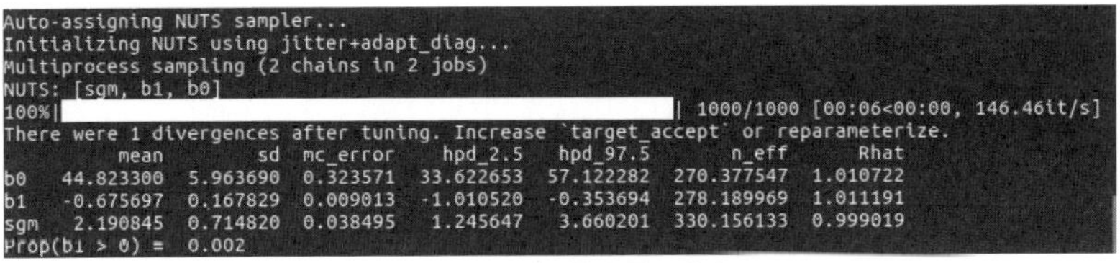

```
Auto-assigning NUTS sampler...
Initializing NUTS using jitter+adapt_diag...
Multiprocess sampling (2 chains in 2 jobs)
NUTS: [sgm, b1, b0]
100%|                                                    | 1000/1000 [00:06<00:00, 146.46it/s]
There were 1 divergences after tuning. Increase `target_accept` or reparameterize.
         mean       sd     mc_error   hpd_2.5   hpd_97.5    n_eff       Rhat
b0    44.823300  5.963690  0.323571  33.622653  57.122282  270.377547  1.010722
b1    -0.675697  0.167829  0.009013  -1.010520  -0.353694  278.189969  1.011191
sgm    2.190845  0.714820  0.038495   1.245647   3.660201  330.156123  0.999019
Prop(b1 > 0) = 0.002
```

図 14.2　要約統計量の出力

この出力は，次のスクリプトによってファイルに出力することもできる（図 14.3）．

```
f = open('summary.txt', 'w')
f.write('Summary...¥n {}'.format (summary_trace))
```

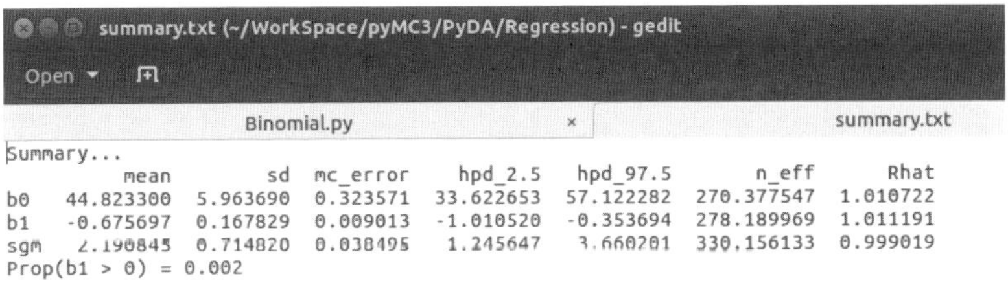

```
summary.txt (~/WorkSpace/pyMC3/PyDA/Regression) - gedit
              Binomial.py                    ×          summary.txt
Summary...
         mean       sd     mc_error   hpd_2.5   hpd_97.5    n_eff       Rhat
b0    44.823300  5.963690  0.323571  33.622653  57.122282  270.377547  1.010722
b1    -0.675697  0.167829  0.009013  -1.010520  -0.353694  278.189969  1.011191
sgm    2.190845  0.714820  0.038495   1.245647   3.660201  330.156123  0.999019
Prop(b1 > 0) = 0.002
```

図 14.3　要約統計量のファイルへの出力内容

回帰直線は，点（独立変量，従属変量）の散布図において，点の集まりの中央付近を通って振動している可能性がある．すなわち，y 切片 b0 の値が大きいときは傾き b1 は小さくなり，y 切片 b0 の値が小さくなると傾き b1 は大きくなるという傾向である．このことを確認する．

まずパラメータ b0 と b1 のサンプル値を取り出すために，以下のスクリプトを用意した．

```
b0_trace = trace['b0']
b1_trace = trace['b1']
```

パラメータ b0 と b1 のサンプリング値の相関係数を，次のスクリプトで求めた．

```
r, p = scst.pearsonr(b0_trace, b1_trace)
```

以上の準備の下で，パラメータ b0 と b1 のサンプル値の散布図を次のスクリプトで描くと，図 14.4 の散布図を得る．

```
plt.title('r = {0:.3f}'.format(r))
plt.xlabel('b0')
plt.ylabel('b1')
plt.plot(b0_trace, b1_trace, 'b.')
plt.show()
```

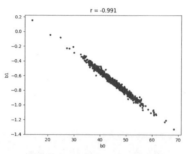

図 14.4　点(b0, b1)の散布図

　散布図の上部に表示されている相関係数は $r = -0.991$ であり，パラメータ b0 と b1 の間に強い負の相関が認められる．

　パラメータ b1 は回帰直線の傾きであり，緯度が上がるほど，気温は下がることから負の値であることが予想される．これは，古典統計学では，片側検定の対象である．このことを踏まえて，事後分布において値が正であるサンプルを数えて比率を求める(古典統計学における p 値に相当)．これは，次のスクリプトによって行っている．

```
nPos = 0
for v in b1_trace:
    if v > 0.0:
        nPos += 1
rPos = nPos / len (b1_trace)
print('Prop(b1 > 0) = ', rPos)
f.write('¥nProp(b1 > 0) = {0:.3f} ¥n'.format(rPos))
```

　結果は，関数 print によって端末に出力されるが(図 14.2 の一番下の行)，関数 write によってファイルにも出力される(図 14.3 の一番下の行)．表示されている「Prop(b1>0)=0.002」から，古典統計学にならって解釈すれば，5%を基準にして有意に負の値であることがわかる．

モデル(14.1)の予測値が，どれだけよくデータ値 Y を予測しているかを調べる．まず，予測値のサンプルを，次のスクリプトで算出する．

```
muY_trace = []
for i in range(N):
    muY_trace.append([])
for t in range(len(b0_trace)):
    for i in range(N):
        muY_trace[i].append(b0_trace[t] + b1_trace[t] * X[i])
```

次に，予測値のサンプルの中央値を求め，中央値とデータ値の散布図を次のスクリプトで描く．

```
MedPredY = []
for i in range(N):
    MedPredY.append(np.percentile(muY_trace[i], 50))
plt.plot(Y, MedPredY, 'bo')
plt.xlabel('Data')
plt.ylabel('Prediction')
for nm, y, pred in zip(ID, Y, MedPredY):
    plt.text(y + 0.1, pred + 0.1, nm)
plt.plot([14, 28], [14, 28], 'b-')
plt.show()
```

散布図を図 14.5 に示す．右上りの直線は $y=x$ である．予測値がデータ値に一致すれば，その点は直線 $y=x$ 上にある．

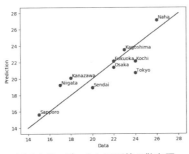

図 14.5 データと予測値の散布図

PyMC3 を用いるスクリプトの開発において，まず，PyMC3 によって事後分布を求めるスクリプトの開発を行い，その後，サンプリングの分析をいろいろ行うこ

とが多い．このとき，スクリプト実行のたびに，毎回 PyMC3 によるサンプリングを繰り返すことは忍耐のいる作業である．PyMC3 によるサンプリングのスクリプトが一応完成したら，そのサンプリングをファイルに保存して，以後の処理の部分のスクリプトの開発は，ファイルに保存したサンプリングの結果を読み出して使うと効率がよい．これらの保存・読出しは，pickle によって簡単に行うことができる．本節の単回帰モデルの場合を例にして，pickle を使った保存と読出しを説明する．

まず，リスト 14.1 のスクリプトを，サンプリングの結果をサンプリングの度数分布グラフとサンプリングのトレース，および要約統計量で確認して，pickle で保存するところで終了するスクリプトに変更する（リスト 14.2）．

リスト 14.2　サンプリングの結果を保存して終了

```
import matplotlib.pyplot as plt
import numpy as np
import scipy.stats as scst
import pymc3 as pm
import pickle

RawData = [ ['City',     'Temperature', 'Latitude'],
            ['Sapporo',     15,           43.1   ],
            ['Sendai',      20,           38.3   ],
            ['Niigata',     17,           37.9   ],
            ['Kanazawa',    18,           36.6   ],
            ['Tokyo',       24,           35.7   ],
            ['Osaka',       22,           34.7   ],
            ['Fukuoka',     22,           33.6   ],
            ['Kochi',       24,           33.6   ],
            ['Kagoshima',   23,           31.6   ],
            ['Naha',        26,           26.2   ]
          ]
ID = []
Y = []
X = []
N = len(RawData) - 1
for i in range(N):
    ID.append(RawData[i + 1][0])
    Y.append(RawData[i + 1][1])
    X.append(RawData[i + 1][2])
for v in zip(ID, Y, X):
    print(v)
```

```
with pm.Model() as RegModel:
    b0 = pm.Uniform('b0', lower = -100.0, upper = 100.0)
    b1 = pm.Uniform('b1', lower = -100.0, upper = 100.0)
    sgm = pm.Uniform('sgm', lower = 0.0, upper = 100.0)
    muY = b0 + b1 * X

    Y_obs = pm.Normal('Y_obs', mu = muY, sd = sgm, observed = Y)
    trace = pm.sample()

    pm.traceplot(trace)
    plt.show()
    summary_trace = pm.summary(trace)
    print(summary_trace)

    with open('trace.pkl', 'wb') as f:
        pickle.dump(trace, f)
```

サンプリングが pickle で保存できたら，次からは保存したファイルを読み込めばサンプリングの分析ができる．ファイルに保存したサンプリングを読み込み，確認のためにサンプリングの度数分布グラフとサンプリングのトレース，および要約統計量を出力するスクリプトを，リスト 14.3 に示す．

リスト 14.3　保存したサンプリングの読込み

```
import matplotlib.pyplot as plt
import numpy as np
import scipy.stats as scst
import pymc3 as pm
import pickle

RawData = [ ['City',      'Temperature', 'Latitude'],
            ['Sapporo',   15,            43.1  ],
            ['Sendai',    20,            38.3  ],
            ['Niigata',   17,            37.9  ],
            ['Kanazawa',  18,            36.6  ],
            ['Tokyo',     24,            35.7  ],
            ['Osaka',     22,            34.7  ],
            ['Fukuoka',   22,            33.6  ],
            ['Kochi',     24,            33.6  ],
            ['Kagoshima', 23,            31.6  ],
            ['Naha',      26,            26.2  ]
          ]
```

```
ID = []
Y = []
X = []
N = len(RawData) - 1
for i in range(N):
    ID.append(RawData[i + 1][0])
    Y.append(RawData[i + 1][1])
    X.append(RawData[i + 1][2])

for v in zip(ID, Y, X):
    print(v)

#with pm.Model() as RegModel:
#    b0 = pm.Uniform('b0', lower = -100.0, upper = 100.0)
#    b1 = pm.Uniform('b1', lower = -100.0, upper = 100.0)
#    sgm = pm.Uniform('sgm', lower = 0.0, upper = 100.0)
#    muY = b0 + b1 * X
#
#    Y_obs = pm.Normal('Y_obs', mu = muY, sd = sgm, observed = Y)
#    trace = pm.sample()
#
#    pm.traceplot(trace)

#    plt.show()
#    summary_trace = pm.summary(trace)
#    print(summary_trace)
#
#    with open('trace.pkl', 'wb') as f:
#        pickle.dump(trace, f)
trace = pickle.load(open('trace.pkl', 'rb'))
pm.traceplot(trace)
plt.show()
summary_trace = pm.summary(trace)
print(summary_trace)
```

サンプリングの読込みと確認のためのグラフ表示および要約統計量の出力のスクリプトは，以下のようになっている．

```
trace = pickle.load(open('trace.pkl', 'rb'))
pm.traceplot(trace)
plt.show()
summary_trace = pm.summary(trace)
print(summary_trace)
```

この後に，サンプリングを用いた分析のためのスクリプトを書いていけばよい．

◆演習課題 14.E.1　第 2 章◆演習課題 2.E.1 のデータ（表 2.E.1）において，SA を独立変数，SB を従属変数とする単回帰モデルによって PyMC3 を用いたベイズ分析を行え．解答例は，著者のウェブサイトに挙げてある．
　　・http://y-okamoto-psy1949.la.coocan.jp/booksetc/pyda/
　　なお，グループ変数 ID の影響を考量した分析は，演習課題 14.E.3 としている．

◆演習課題 14.E.2　第 2 章◆演習課題 2.E.2 のデータ（表 2.E.2）において，SA を独立変数，SB を従属変数とする単回帰モデルによって PyMC3 を用いてベイズ分析を行え．解答例は，著者のウェブサイトに挙げてある．
　　・http://y-okamoto-psy1949.la.coocan.jp/booksetc/pyda/
　　なお，グループ変数 ID の影響を考量した分析は，演習課題 14.E.4 としている．

◆演習課題 14.E.3　第 2 章◆演習課題 2.E.1 のデータ（表 2.E.1）において，グループ変数 ID の影響を考量して，SA を独立変数，SB を従属変数として PyMC3 を用いたベイズ分析を行え．解答例は，著者のウェブサイトに挙げてある．
　　・http://y-okamoto-psy1949.la.coocan.jp/booksetc/pyda/
　　グループ変数をダミー変数として用意する例は，第 12 章あるいは第 15 章のポアッソン回帰モデルの例を参考にすればよい．

◆演習課題 14.E.4　第 2 章◆演習課題 2.E.2 のデータ（表 2.E.2）において，グループ変数 ID の影響を考量して，SA を独立変数，SB を従属変数として PyMC3 を用いてベイズ分析を行え．解答例は，著者のウェブサイトに挙げてある．
　　・http://y-okamoto-psy1949.la.coocan.jp/booksetc/pyda/
　　グループ変数をダミー変数として用意する例は，第 12 章あるいは第 15 章のポアッソン回帰モデルの例を参考にすればよい．

第 15 章　PyMC によるポアッソン回帰モデル分析

　第 8 章「数量化」の表 8.2.2 のデータのように，2 つの条件によって観測度数が分類されるクロス表のデータのベイズ分析を，ポアッソン回帰モデルを用いて行ってみる．クロス表の一般形は，表 15.1 のように表せる．行 r，列 c における度数（頻度）データの値が f_{rc} である．行と列が独立であるという条件の下での行 r，列 c の期待度数を $\hat{f}_{rc}$ とおくと，式(15.1)が成り立つ (Kruschke, 2011)．

表 15.1　行 r，列 c における度数データ f_{rc}

	⋯	列 c	⋯	行和
	⋮	⋮		⋮
	⋮	⋮		⋮
行 r	⋯	f_{rc}	⋯	$f_r = \sum_c f_{rc}$
	⋮	⋮		⋮
	⋮	⋮		⋮
列和	⋯	$f_c = \sum_r f_{rc}$	⋯	$N = \sum_{r,c} f_{rc}$

$$\frac{\hat{f}_{rc}}{N} = \frac{f_r}{N} \times \frac{f_c}{N} \tag{15.1}$$

これより，次式を得る．

$$\log(\hat{f}_{rc}) = \log(f_r) + \log(f_c) + \log\left(\frac{1}{N}\right)$$

　ポアッソン分布の期待値（期待度数）は，ポアッソン分布のパラメータ λ に等しい．期待度数 $\hat{f}_{rc}$ を λ_{rc} で，$\log(f_r)$ を β_r で，$\log(f_c)$ を β_c で，$\log\left(\frac{1}{N}\right)$ を β_0 で表すと

$$\log(\lambda_{rc}) = \beta_r + \beta_c + \beta_0 = \beta_0 + \beta_r + \beta_c \tag{15.2}$$

となり，式(15.1)の表す独立性は，式(15.2)における列と行の主効果の和の形で表される．

これに対して，交互作用がある場合は

$$\log(\lambda_{rc}) = \beta_0 + \beta_r + \beta_c + \beta_{rc} \tag{15.3}$$

となる．

ポアッソン指数型回帰モデル(Poisson exponential regression model)では，観測度数 f_{rc} は，パラメータ λ_{rc} のポアッソン分布から得られたとする．すなわち，

$$f_{rc} \sim Poisson(\lambda_{rc})$$

である．ここで，Y がパラメータ λ のポアッソン分布に従うとき

$$P(Y=y) = Poisson(y \mid \lambda) = e^{-\lambda} \frac{\lambda^y}{y!}$$

である．表15.1のデータに対する尤度関数は

$$L(f_{rc}) \propto \prod_{r,c} Poisson(f_{rc} \mid \lambda_{rc})$$

事後分布は

$$p(\beta_j \mid f_{rc}) \propto p_0(\beta_j) \cdot L(f_{rc})$$

で与えられる．ここで，$p_0(\beta_j)$ は事前分布である．

第8章「数量化」の表8.2.2のデータに対しては，分散分析のデザインにならって表15.2のように要因の効果を表す．

表15.2　心理学科学生のクロス表におけるモデル

	心理学≒臨床心理学	その他	心理学＞臨床心理学
小学生	μ	$\mu+\beta_2$	$\mu+\beta_3$
中学生	$\mu+\alpha_2$	$\mu+\alpha_2+\beta_2+\gamma_{22}$	$\mu+\alpha_2+\beta_3+\gamma_{23}$
高校生	$\mu+\alpha_3$	$\mu+\alpha_3+\beta_2+\gamma_{32}$	$\mu+\alpha_3+\beta_3+\gamma_{33}$

これは，ダミー変数を使って

$$\log \lambda_i = \mu + \alpha_2 Xr_2 + \alpha_3 Xr_3 + \beta_2 Xc_2 + \beta_3 Xc_3$$
$$+ \gamma_{22} Xr_2 Xc_2 + \gamma_{23} Xr_2 Xr_3 + \gamma_{32} Xr_3 Xc_2 + \gamma_{33} Xr_3 Xc_3$$

と表すことができる．ダミー変数は

$$Xr_i = \begin{cases} 1 & \text{第 } i \text{ 行のデータのとき} \\ 0 & \text{それ以外のとき} \end{cases}$$

$$Xc_j = \begin{cases} 1 & \text{第 } j \text{ 列のデータのとき} \\ 0 & \text{それ以外のとき} \end{cases}$$

と設定している．

　第1行第1列を基準として値を μ で表し，第 i 行の主効果を α_i で，第 j 列の主効果を β_j で表し，第 i 行第 j 列の交互作用を γ_{ij} で表している．このとき第8章「数量化」の表8.2.2のデータは，本章の表15.3のように表される．これに対応してPyMC3のスクリプトを

```
LogLmbd = mu + a2 * Xr2 + a3 * Xr3 + b2 * Xc2 + b3 * Xc3 ¥
              + g22 * Xr2 * Xc2 + g23 * Xr2 * Xc3 ¥
              + g32 * Xr3 * Xc2 + g33 * Xr3 * Xc3
Lmbd = np.exp(LogLmbd)
F_obs = pm.Poisson('F_obs', mu = Lmbd, observed = F)
```

と用意した．スクリプト全体は，リスト15.1に示した．事前分布として，一様分布ではなく，大きい分散の正規分布を設定している．これは，一様分布のとき，サンプリングが不安定になったからである．正規分布の分散が十分に大きいとき，事前分布による制約は弱い（弱情報事前分布）．

表15.3　データとダミー変数

f_{rc}	Xr_1	Xr_2	Xr_3	Xc_1	Xc_2	Xc_3
1	1	0	0	1	0	0
1	1	0	0	0	1	0
10	1	0	0	0	0	1
3	0	1	0	1	0	0
2	0	1	0	0	1	0
10	0	1	0	0	0	1
6	0	0	1	1	0	0
2	0	0	1	0	1	0
4	0	0	1	0	0	1

リスト 15.1　ポアッソン回帰モデル

```
import matplotlib.pyplot as plt
import numpy as np
import pymc3 as pm

RawData = [[1,  1, 0, 0, 1, 0, 0],
           [1,  1, 0, 0, 0, 1, 0],
           [10, 1, 0, 0, 0, 0, 1],
           [3,  0, 1, 0, 1, 0, 0],
           [2,  0, 1, 0, 0, 1, 0],
           [10, 0, 1, 0, 0, 0, 1],
           [6,  0, 0, 1, 1, 0, 0],
           [2,  0, 0, 1, 0, 1, 0],
           [4,  0, 0, 1, 0, 0, 1]]

F = []
Xr1 = []
Xr2 = []
Xr3 = []
Xc1 = []
Xc2 = []
Xc3 = []
for v in RawData:
    F.append(v[0])
    Xr1.append(v[1])
    Xr2.append(v[2])
    Xr3.append(v[3])
    Xc1.append(v[4])
    Xc2.append(v[5])
    Xc3.append(v[6])

for i in range(9):
    print(' ', F[i], ' ', Xr1[i], ' ', Xr2[i], ' ', Xr3[i],
        ' ', Xc1[i], ' ', Xc2[i], ' ', Xc3[i])

with pm.Model() as PoiModel:
        mu = pm.Normal('mu', mu = 0.0, sd = 100.0)
        a2 = pm.Normal('a2', mu = 0.0, sd = 100.0)
        a3 = pm.Normal('a3', mu = 0.0, sd = 100.0)
        b2 = pm.Normal('b2', mu = 0.0, sd = 100.0)
        b3 = pm.Normal('b3', mu = 0.0, sd = 100.0)
        g22 = pm.Normal('g22', mu = 0.0, sd = 100.0)
        g23 = pm.Normal('g23', mu = 0.0, sd = 100.0)
```

```
g32 = pm.Normal('g32', mu = 0.0, sd = 100.0)
g33 = pm.Normal('g33', mu = 0.0, sd = 100.0)
LogLmbd = mu + a2 * Xr2 + a3 * Xr3 + b2 * Xc2 + b3 * Xc3 ¥
                                  + g22 * Xr2 * Xc2 + g23 * Xr2 * Xc3 ¥
                                  + g32 * Xr3 * Xc2 + g33 * Xr3 * Xc3
Lmbd = np.exp(LogLmbd)

F_obs = pm.Poisson('F_obs', mu = Lmbd, observed = F)
trace = pm.sample(draws = 1000, tune = 2000,
                  nuts_kwargs = dict(target_accept = 0.95))

pm.traceplot(trace)
plt.show()
summary = pm.summary(trace)
print(summary)
f = open('summary.txt', 'w')
f.write('Summary...¥n {} '.format(summary))

smpl_a3 = trace['a3']
a3_p2p5 = np.percentile(smpl_a3, 2.5)
a3_p97p5 = np.percentile(smpl_a3, 97.5)
print('¥n95%CI for a3 = [ {0:.5f} , {1:.5f} ]'.format(a3_p2p5, a3_p97p5))
f.write('¥n¥n95%CI for a3 = [ {0:.5f} , {1:.5f} ]¥n'.
                            format(a3_p2p5, a3_p97p5))
a3_pos = 0
for v in smpl_a3:
        if v > 0.0:
                a3_pos += 1
print('¥nP(a3 > 0.0) = {0:.3f} '.format(a3_pos / len(smpl_a3)))
f.write('¥nP(a3 > 0.0) = {0:.3f} ¥n'.format(a3_pos / len(smpl_a3)))
smpl_b3 = trace['b3']
b3_pos = 0
for v in smpl_b3:
        if v > 0.0:
                b3_pos += 1
print('P(b3 > 0.0) = {0:.3f} '.format(b3_pos / len(smpl_b3)))
f.write('P(b3 > 0.0) = {0:.3f} ¥n'.format(b3_pos / len(smpl_b3)))

smpl_g33 = trace['g33']
g33_neg = 0
for v in smpl_g33:
        if v < 0.0:
                g33_neg += 1
```

```
print('P(g33 < 0.0) = {0:.3f} '.format(g33_neg / len(smpl_g33)))
f.write('P(g33 < 0.0) = {0:.3f} ¥n'.format(g33_neg / len(smpl_g33)))

f.close() プログラム
```

リスト 15.1 のスクリプトを実行すると，次のスクリプトによるサンプリングが行われる．

```
trace = pm.sample(draws = 1000, tune = 2000,
                  nuts_kwargs = dict(target_accept = 0.95))
```

本章における上記モデルとデータに対してサンプリングが不安定なので，調整用試行数(tune，すなわち burn-in)と調整後のサンプル数(draws)を増やし，Hamiltonian transition のステップサイズを小さくするために target_accept をデフォルト値 0.8 から上限の 1 に近づけて関数 sample を呼び出している．

サンプリング後に，事後分布からのサンプリングの度数分布とサンプリングのトレースがスクリプト

```
trace = pm.sample()
pm.traceplot(trace)
plt.show()
```

によって表示される(図 15.1)．このグラフ表示のフォームを閉じると，次のスクリプト

```
summary = pm.summary(trace)
print(summary)
f = open('summary.txt', 'w')
f.write('Summary...¥n {} '.format(summary))
```

により，サンプリングの要約統計量が表示され(図 15.2)，ファイルにも出力される(図 15.3)．パラメータ b3 と g33 は 95%HPD 区間に 0 が含まれず，古典統計学にならえば 5%基準で有意に 0 でないと言える．パラメータ a3 の 95%HPD 区間にも 0 は含まれていないが，区間の左端は 0 に近い値である．パラメータ a3 の 95%確信区間を求めると，区間の左端は 0 から離れる(図 15.2, 15.3 の 95%CI)．95%確

信区間は，次のスクリプトによって求めている．

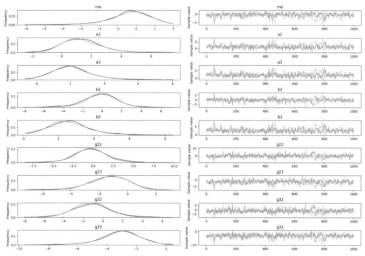

図 15.1 事後分布からのサンプリング

図 15.2 サンプリングの要約統計量

```
smpl_a3 = trace['a3']
a3_p2p5 = np.percentile(smpl_a3, 2.5)
a3_p97p5 = np.percentile(smpl_a3, 97.5)
print('¥n95%CI for a3 = [ {0:.5f} , {1:.5f} ]'.format(a3_p2p5, a3_p97p5))
f.write('¥n¥n95%CI for a3 = [ {0:.5f} , {1:.5f} ]¥n'.
                            format(a3_p2p5, a3_p97p5))
```

```
summary.txt (~/WorkSpace/pyMC3/PyDA_1) - gedit
Open
Summary...
            mean        sd  mc_error   hpd_2.5  hpd_97.5     n_eff      Rhat
mu     -0.516271  1.199837  0.066329 -2.996206  1.553925  300.382372  0.999557
a2      1.434788  1.339357  0.071273 -0.747787  4.465752  319.854712  0.999629
a3      2.226496  1.258855  0.068486  0.069494  4.916632  306.332937  0.999524
b2     -0.028699  1.724335  0.086568 -3.225057  3.696750  323.143369  1.000255
b3      2.770431  1.242264  0.068538  0.735577  5.426199  302.042471  0.999581
g22    -0.483762  2.033393  0.097769 -4.580504  3.642348  364.720810  1.000501
g23    -1.437224  1.424732  0.074141 -4.268823  1.253122  337.115077  0.999541
g32    -1.223021  1.910903  0.091409 -5.218590  2.549122  350.150774  0.999685
g33    -3.230922  1.402340  0.072801 -5.966639 -0.506205  338.508004  0.999524

95%CI for a3 = [0.14084, 5.13722]

P(a3 > 0.0) = 0.986
P(b3 > 0.0) = 1.000
P(g33 < 0.0) = 0.998
```

図 15.3　要約統計量の出力ファイルの内容

95％HPD 区間と確信区間のこの違いは，パラメータ a3 の事後分布の裾が正の方向に延びていることによる（図 15.1）．パラメータ a3 も，95％HPD 区間の左端が 0 に近いものの，事後分布の大部分は正の領域にあり，効果は有意であると考えられる．以上より，パラメータ a3，b3，g33 が有意に 0 でないと考えられる．これらの効果を表すパラメータは，表 15.2 に示されているように，左上のセルを基準に設定されている．したがって，主効果 a3 は，高校生において回答者が増えていることを意味するが，これは第 8 章「数量化」の表 8.2.2 における「心理学≒臨床心理学」の列において見られることで，他の列では認められない．この列による違いは交互作用 g33 で表されている．主効果 a3（mean＝2.35）に対して交互作用 g33（mean＝－3.34）は大きい効果を示しているが，これは「高校生」で「心理学＞臨床心理学」の度数が大きく減少していることに対応している．主効果 b3 は，「心理学＞臨床心理学」と理解している学生が，「心理学≒臨床心理学」あるいは「その他」より多いことに対応している．

上の確信区間あるいは最高密度区間が 0 を含むかどうかによる効果の有無の判定は，古典統計学における両側検定に対応している．表 8.2.2 のクロス表は，数量化の主成分分析の結果を示す図 8.2.4 において，第 2 主成分に関して反対側に位置するものとして選ばれた項目とその数量化に基づいて作成されたものである．したがって，主効果 a3 が正値「第 1 列における高校生回答者の増加」，主効果 b3 が正値「『心理学＞臨床心理学』と理解している学生が多い」，交互作用 g33 が負値「高校生において『心理学＞臨床心理学』と理解している学生が減少」は，数量化に基づくク

ロス表の作成結果から予想されることである.これは,古典統計学における片側検定に対応している.事後分布におけるこれらパラメータの値が正である,あるいは負である確率の推定値が

$P(a3 > 0.0) = 0.986$
$P(b3 > 0.0) = 1.000$
$P(g33 < 0.0) = 0.998$

と示されている(図15.3).

なお,ここで「高校生」というのは,「心理学科の学生が,心理学という分野があることを知った時期」である(第8章における質問項目の説明を参照).

参考文献

Kruschke, J. K. (2011). *Doing Bayesian Data Analysis: A tutorial with R and BUGS*. Elsevier.

参 考 文 献

　まず，Python の入門書であるが，これは現在では多くの入門書，解説書が出版されている．書店なり，図書館なりで，手に取って選ぶことができる．ここでは，次の 1 冊を挙げておく．

Lubanovic, B. (2015). *Introducing Python: Modern computing in simple packages.* O'Reilly.

　インターネット上では，Python のウェブサイトから Python についてのドキュメントを得ることができる．

https://www.python.org/doc/

　グラフ描画については，次の 3 冊を挙げておくが，ほかに多数の書籍がある．

Nelli, F. (2015). *Python Data Analysis: Data analysis and science using Pandas, matplotlib, and the Python programming language.* Apress.

Davidson-Pilon, C. (2016). *Bayesian Methods for Hackers: Probabilistic programming and Bayesian inference.* Addison-Wesley.

Martin, O. (2016). *Bayesian Analysis with Python: Unleash the power and flexibility of the Bayesian framework.* Packt Publishing Ltd.

　Matplotlib についての説明は，以下のウェブサイトに詳しい．

https://matplotlib.org/contents.html

　行列演算については，入門書，参考書，専門書が和書でも多数ある．「行列」は「線形代数」のタイトルで扱われていることもある．簡潔な説明を試みたものとして拙著を挙げておく．

岡本安晴 (2009)．統計学を学ぶための数学入門［下］：データ分析に活かす．培風館．

　多変量解析も多くの入門書，参考書，専門書が発行されている．ダミー変数につ

いては，次の文献が分散分析の場合について詳しい．以下の拙著4.3節「重回帰分析と分散分析」でも説明している．

Kirk, R. E.（1995）. *Experimental design: Procedures for the behavioral sciences, 3rd ed*. Brooks/Cole Publishing Company.

岡本安晴(2009). データ分析のための統計学入門：統計学の考え方. おうふう.

主成分分析を正射影として説明し，回転を正当化した次の拙論がある．

Okamoto, Y.（2006）. A Justification of Rotation in Principal Component Analysis : Projective viewpoint of PCA. *Japan Women's University: Faculty of Integrated Arts and Social Sciences journal*, 17, 59–71, 2006. https://ci.nii.ac.jp/naid/110006223025.

数量化については，林の数量化，双対尺度法，対応分析などのタイトルで，入門書，参考書，専門書が多数あるが，本書で扱った共通数量化については次の拙論がある．

Okamoto, Y.（2015）. A two-step analysis with common quantification of categorical data. *Japan Women's University: Faculty of Integrated Arts and Social Sciences journal*, 26, 99–112. http://id.nii.ac.jp/1133/00002169.

本書では行列演算でライブラリnumpyを利用したが，numpyについてのドキュメントは，以下のウェブサイトから得ることができる．
https://docs.scipy.org/doc/

確率あるいはベイズ統計学に関する入門書，参考書，専門書も多数ある．ベイズ統計学の入門書，専門書を1冊ずつ以下に挙げておく．

Kruschke, J. K.（2011）. *Doing Bayesian Data Analysis: A tutorial with R and BUGS*. Elsevier.

Gelman, A., Carlin, J. B., Stern, H. S., Dunson, D. B., Vehtari, A., and Rubin, D. B.（2014）. *Bayesian Data Analysis, third edition*. CRC Press.

Stanについては，R用のものが出版されている．R用のStanであるRStanのStanスクリプトはPyStanと共通であるので，参考になる．扱われている確率モデ

ルは領域に依存するので，読者の興味ある分野に合わせて選択すればよい．

Stan のドキュメントは，以下のウェブサイトから得ることができる．

http://mc-stan.org/users/documentation/index.html

PyStan のドキュメントは，次のウェブサイトから得ることができる．

https://pystan.readthedocs.io/en/latest/index.html#

PyMC については，以下の書籍がある．

Davidson-Pilon, C. (2016). *Bayesian Methods for Hackers: Probabilistic programming and Bayesian inference.* Addison-Wesley.

Martin, O. (2016). *Bayesian Analysis with Python: Unleash the power and flexibility of the Bayesian framework.* Packt Publishing Ltd.

PyMC についてのドキュメントは，次のウェブサイトから得ることができる．

http://docs.pymc.io/notebooks/getting_started

本書の執筆において，上記のもの以外に多くの文献，資料が参考になっているが，これらすべてを列挙することは不可能であり，読者にとりあえず参考になると思われるものを挙げておく次第である．

索　引

@　47

alpha　17
append　43
array　38

bar　15
Bayes' rulle　173
Bayesian analysis　172
Bernoulli distribution　169
binomial distribution　170
burn-in　214, 233

central interval　176
characteristic decomposition　62
characteristic value　61
characteristic vector　61
child　211
CI　176
close　29, 33
coefficient of determination　78
coefficient of multiple determination　92
color　17
column vector　46
components　117
corr_matrix　186
cov_matrix　186
credible interval　176
CSV 形式　33

data　181
data | |　178
dblquad　156
dependent variable　90
det　73
determinant　72
deterministic variable　211
draws　214, 233
dummy coding　92
dummy variable　92
dump　36, 199

effect coding　93
eigenvalue　61
eigenvector　61

eigh　62

figsize　21
figure　21
file　181
full　39
functions | |　178

g inverse　68
generalized inverse　68
generalized linear model　208
generated quantities | |　178

Hamiltonian Monte Carlo　178
HDR　176
highest density region　176
highest posterior density　176
hist　17
hlines　22
HMC　178
HPD　176

I　49
identity matrix　49
IDLE　4
independent variable　90
indicator variable　92
indicator 行列　131
init　186
inner product　46
int　186
Integrated Development and Learning Environment　4
interactive mode　4
intercept　90
inv　50
iter　182

joint density function　158

label　17
legend　17
likelihood function　172
linear combination　54
linearly dependent　54

linearly independent 55
linestyle 22, 25
linewidth 24
link function 208
load 36, 199
loc 17
logistic regression model 209
logistic transformation 209
lower 180

MAP 175
MAP 推定値 175
marginal density distribution 158
markersize 24
Markov chain Monte Carlo 178, 211
matrix 186
matrix_rank 56
maximum a posteriori estimator 175
maximum likelihood estimator 172
MCMC 178, 211
mean 8
MLE 172
Model 212
model_code 185
model | | 178
Moore-Penrose inverse 68
multiple correlation coefficient 92
multiple linear regression analysis 90
multivariate_normal 167

n_jobs 181
ndarray 38
norm 56, 58
normal 165
numpy 38

oblique rotation 118
observed 213, 215
open 28, 29, 33
orthogonal projection 116
orthogonal rotation 118

parameters | | 178
paremt 211
pars 206
partial regression coefficient 90
pattern matrix 117
pearsonr 81
percentile 10
pickle 36, 198, 224
pip 3
pip3 4
plot 21, 24, 183

Poisson exponential regression model 203, 229
posterior distribution 173
principal components 117
prior distribution 173
probit regression model 209
projection 116
prthogonal matrix 62
pseudorandom number 159
PyMC3 211
PyStan 178

quad 153

R 92
$\hat{R}$ 182, 214
R^2 78, 92
random 160
random number 159
random variable 211
rank 55
reader 34
readlines 28
real 186
regression coefficient 77
regular matrix 50
RGBA 22
rotation 118
row vector 46, 186

sample 213
sampling 181
scalar 46
script mode 4
seed 161
shape 39
show 15
simple linear regression model 75
simplex 186
singular matrix 50
singular value 67
singular value decomposition 67
singular vector 67
slicing 42
sort 12
sorted 12
spectral decomposition 62
split 30
Stan 178
standardized regression coefficient 108
standardized score 106
StanModel 180
stochastic variable 211
strip 30

summary 214
SVD 68
svd 69

T 39
target_accept 233
text 21
title 16
trace 52
traceplot 213
transformed data | | 178
transformed parameters | | 178
transpose 39
tune 214, 233

unit_vector 186
upper 180

variance 8
vector 186
vlines 22

with 35
write 33

xlabel 17
xlim 21, 24
xticks 15

ylabel 17
ylim 21, 24

zscore 106
z得点 106

1次結合 54
1次従属 54
1次独立 55
一様分布 187, 215
一様乱数 159
一般化線形モデル 208
一般逆行列 68
インタラクティブモード 4

親 211
折れ線グラフ 23

カイ2乗分布 187, 215
回帰係数 77
階数 55
回転 118
確信区間 176
確率変数 211

確率密度関数 153
カテゴリカル分布 187, 215
カテゴリ変数 92
関数宣言部 178
ガンマ分布 187, 215
管理者権限 3

疑似相関 26
疑似乱数 159
逆行列 49
行ベクトル 46
行列 38
行列式 72
行列の加減算 44
行列の積 45
行列の要素 41

グリッド法 174
クロス表 202

決定係数 78
決定論的変数 211

子 211
交互作用 204, 230
交事象 149
恒等行列 49
固有値 61
固有分解 62
固有ベクトル 61

最高密度区間 176
最小値 9
最大値 9
最尤推定値 172
散布図 18
サンプル生成部 178

事後分布 173
事象 148
指数分布 187, 215
事前分布 173
実対称行列 61
四分位数 10
射影 116
斜交回転 118
重回帰関数 90
重回帰式 90
重回帰分析 90
集合演算 152
重相関係数 92
従属変数 77, 90
周辺密度関数 158

索 引

主効果 204, 230
主成分 117
主成分分析 115
条件付確率 151
条件付確率密度関数 158
初期値 186

スィート 35
数量化 131
スカラー 46
スクリプトモード 4
スペクトル分解 62
スライシング 42

正規分布 187, 215
正規分布関数 153
正射影 116
正則行列 50
成分 117
正方行列 49
積事象 149
切片 90
線形結合 54
線形従属 54
線形独立 55

第1四分位数 9
第2四分位数 9
第3四分位数 9
多重決定係数 92
多変量解析 37
多変量正規分布 187, 215
ダミー変数 92, 203, 229
単位行列 49
単回帰関数 77
単回帰直線 77
単回帰モデル 75, 189, 217

中央値 9
中心信頼区間 176
直交回転 118
直交行列 62

データ宣言部 178
データ変換部 178
テキストファイル入出力 28
転置行列 39

統計量 8
同時密度関数 158
特異値 67
特異値分解 67
特異ベクトル 67

独立 151, 158
独立変数 77, 90
トレース 52

内積 46

2項分布 170, 178, 187, 212, 215
2重積分 156
2変量正規分布 155

ノルム 55

バイナリファイル入出力 36
排反事象 149
パターン行列 117
パラメータ宣言部 178
パラメータ変換部 178

ヒストグラム 16
非正則行列 50
標準化回帰係数 108
標準化得点 106
標準偏差 9

ファイル入出力 28
プロビット回帰モデル 209
プロビット変換 209
分散 8, 9

平均値 8, 9
ベイズの定理 173
ベイズ分析法 172
ベータ分布 187, 215
ベルヌーイ分布 169, 187, 215
偏回帰係数 90
ポアッソン回帰モデル 202, 209, 228
ポアッソン指数型回帰モデル 203, 229
ポアッソン分布 187, 203, 215, 229
棒グラフ 14

マーカー 22

ムーア・ペンローズ逆行列 68

モーメント 170
モーメント法 170
モデル宣言部 178

尤度関数 172

横ベクトル 46

ラインスタイル　25
ランク　56
乱数　159

離散確率　148
リンク関数　208

列ベクトル　46

ロジスティック回帰モデル　209
ロジスティック分布　187, 215
ロジスティック変換　209

和事象　149

岡本安晴（おかもと・やすはる）
日本女子大学名誉教授．文学博士．主な著者に，『統計学を学ぶための数学入門　上』『同　下』（培風館），『大学生のための心理学VC++プログラミング入門』（勁草書房）など多数．

いまさら聞けないPythonでデータ分析
―多変量解析，ベイズ統計分析（PyStan，PyMC）

平成31年1月30日　発行

編　者　岡　本　安　晴

発行者　池　田　和　博

発行所　丸善出版株式会社
〒101-0051　東京都千代田区神田神保町二丁目17番
編集：電話（03）3512-3266／FAX（03）3512-3272
営業：電話（03）3512-3256／FAX（03）3512-3270
https://www.maruzen-publishing.co.jp

© OKAMOTO Yasuharu, 2019

組版・株式会社　明昌堂／印刷・株式会社　日本制作センター
製本・株式会社　松岳社

ISBN 978-4-621-30361-0　C3055　　　　Printed in Japan

JCOPY 〈（社）出版者著作権管理機構　委託出版物〉
本書の無断複写は著作権法上での例外を除き禁じられています．複写される場合は，そのつど事前に，（社）出版者著作権管理機構（電話03-5244-5088，FAX 03-5244-5089，e-mail: info@jcopy.or.jp）の許諾を得てください．